ReNew

新視野・新觀點・新活力

ReNew

新視野・新觀點・新活力

Compass 一段探險與發明的故事
A Story of Exploration and Innovation
羅盤
艾倫・葛尼（Alan Gurney） 著
黃煜文 譯

緣起

水手航行於海上時，在烏雲密布中，得不到日光的幫助，或者在夜幕低垂的世界裡，不知道船首正駛向地平線的何方，於是他們將針放在磁鐵上，使它如圓圈般旋轉。等到針停止之後，針頭所指的地方就是北方。

——內克漢，一一八七年

東則……渺茫無際，天水一色，舟舶來往，惟以指南針為則，晝夜守視唯謹，毫釐之差，生死繫焉。

——趙汝适，一二二五年

為了指引並幫助他們重新回到岸上，他們必須保管好一樣東西，那就是航海羅盤；有了這個東西，他們就可以在起風時標定他們的航線。

——馬格努斯，一五五五年

到底是誰發明了這種神奇工具，並且為它灌注了宛若真實的生命，這恐怕是個無解的問題。

——巴洛，一五九七年

羅盤是船的靈魂。

——雨果，一八六六年

令人好奇的是，造船者與船主一直不把羅盤當一回事，直到最近他們才發現羅盤的種種好處。羅盤是一種卓越的儀器，船隻安全要靠它，將它的重要性排在首位也不為過。人們可以捨棄經線儀或甚至六分儀，但絕不能沒有羅盤這個無價的指引。

——雷基，一九〇八年

沒有任何主題能比人類駕船進入海洋並橫渡海洋的歷史更吸引人，它是遍及各地的海洋民族的故事。

——夏普，一九五六年

一九九八年春的一個晴朗早晨，一艘嶄新昂貴的遊艇出港進行試航。這是一艘配備最新高科技設備的船隻，它的船身、甲板、居住設施、風帆、檣柱及繩索都是由數噸的石油泡沫、纖維和樹脂構成，要用非常精巧的探測器才能從中找出含量只有數磅的天然礦物、木材、羊毛和棉花。

航海站有螢幕、鍵盤、儀器標度盤、閃爍的數位數字以及溫和的白熱光線，對於國防工業、晶片、軌道衛星和○○七電影來說，這些儀器是個里程碑，沒有任何不便與累贅的東西（如航海圖、潮汐表、平行規、繪圖器、兩腳規或鉛筆）會散亂地堆放在這個用來朝拜現代的祭壇上。航行者坐在一堆螢幕前面愉快地輕敲鍵盤，找出遊艇在螢幕海圖上的位置，然後設定航線並將命令鍵入自動駕駛系統中。從其他螢幕上，他可以看到遊艇的速度、風速及風向、潮汐狀態與船下水深，研讀天氣圖，監看雷達上出現的鄰近船隻。

在甲板上，則是讓人類擔任舵手（有需要的時候），透過磁通門羅盤來維持航線。這種羅盤加裝了許多設備，而且必須使用很多電池來維持所需電力。

在海上的第一晚，沒有月光也沒有星光，整個天空烏雲密布，如同塗上瀝青一樣漆黑，所有的電子儀器都因配電盤故障而失去功能。螢幕上空無一物，數位讀數也消失了；磁通門羅盤失去了電力，彷彿失去生命力般闔上雙眼死去。

船主完全信任高科技航海設備，卻忘了（或者甚至是不曉得）電腦專家費倫為科技所下的令人難忘的定義：「尚未成功的事物。」即便是拿在手上的舊式磁羅盤，船主也認為不足以登大雅之堂，因此沒有帶上船。

當遊艇以一種高尚的姿態劃破水波時，舵手突然想到他唯一可以得到方向的來源是風。令人信賴的羅盤與風向指示器已經光采不再，信號明滅不定的燈塔與浮標全都沈沒在地平線下。沒有閃爍的星光或月光充當天上的燈塔，唯一的參考點只剩下吹向右臉頰的風。船上所有人都祈求風向能維持穩定，讓遊艇方向能夠改變。隨著風逐漸吹向舵手的左臉頰，綁在護桅索上的織物在摩擦下產生忽明忽暗、令人不安的火花（一種簡單的指示器），於是在放低的風帆下，我們這些高尚人士彼此使了個眼色，開始朝著可能與航線相反的方向划去。清晨時分，雲層逐漸散去，北極星從北方帶來令人期待的閃爍光芒，緊接著太陽也從東方的地平線上升起。當天稍晚一點，在雙筒望遠鏡和熟悉水文的船員協助下，遊艇終於回到了海濱休閒區。

沒有羅盤，造成這場令人創痛的經驗。只靠風向盲目航行，這是接駁用的小船才做的事。至於航行到近海，讓陸地遠離視線之外，並且在漆黑的夜裡沒有方向的引導而只靠風向，則是另一種經驗。這種經驗讓二十世紀的遊艇玩家突然倒退到一千年前，回到航海羅盤還沒發明前人類便橫渡海洋的時代。

這是一段關於人類與航海磁羅盤的故事，故事中的儀器指引了無數水手橫渡海洋到未知的世界。這種儀器非常珍貴，十六世紀的北方水手若是弄壞了羅盤或磁石，根據法律，他的手要被釘在桅柱上；更嚴重的結果是，當犯人為了逃走而將手從刀刃上扯下時，手掌會被割成兩半。

1 航跡推算

「前面有暗礁」的叫聲，是對駕駛員錯誤的航跡推算所拉起的第一道警報；或者，我們可以用帶有譏諷意味的西班牙同義語來說，這是駕駛員的「航海狂想曲」。

幾分鐘後，在秋夜黑暗的怒吼聲中，皇家海軍艦隊的四艘無桅大船就在大西洋的碎浪和希利群島的花崗岩暗礁之間被打成碎片。聯合號、老鷹號、煽動者號以及羅姆內號上大約兩千名海軍士官兵，於一七〇七年十月二十三日當晚不幸全數罹難；另一艘船艦聖喬治號雖然受到重創，但還能載浮載沈，倖免於難。

死者當中也包括了體態魁梧、臉色紅潤的艦隊司令，五十七歲的海軍上將夏維爾爵士，他的遺體在距離船難處約七哩的沙灘海灣上被找到。傳說當地有個婦女於三十年後臨終時懺悔說，她在岸邊發現了遺體泡水腫脹的夏維爾爵士，於是將爵士安葬使其得以安息，不過目的卻是為了要拿走他手指上的鑽石與翡翠戒指。

兩千名士官兵溺斃和四艘船艦的損失，至今仍被視為皇家海軍遭受過的最慘痛船難事件。這使得英國政府於一七一四年通過法案，成立經度委員會並提供獎金給能找出「可行」

方法來確定海上船隻經度的人。最後的成果有三個：精確天文表的印行，可以計算月亮的距離而找出經度；哈德雷的反射四分儀，可以精確測量出月亮的距離；以及哈里森著名的航海經線儀。

諷刺的是，船難發生的原因其實與經度無關，反而是與緯度、不精確的航海圖、未知的海流及粗劣的羅盤有關。

英吉利海峽的出口——從北方的希利群島到南方的厄善特——是個寬達一百海里的海口，對於夏維爾的大艦隊來說，厄善特是必須閃避的。所有的水手都會避開厄善特，因為它有著暗礁及強大的潮汐；厄善特也剛好是法國的領土，而英國與法國正處於交戰狀態。夏維爾在地中海擊潰法國艦隊，冬天時帶著為數達二十一艘艦艇的艦隊返航。九月三十日駛離西班牙之後，艦隊往北航行，進入了強風與陰沈的天氣中。

到了十月二十一日，他們所在的位置水深介於九十至一百四十噚之間。夏維爾找來了所有的領航員，詢問他們對目前艦隊位置的看法，他們認為艦隊目前位於英吉利海峽入口處，在希利群島南方，厄善特正西方。只有連諾克斯號艦長姜伯爵士持反對看法，他認為希利群島要比想像中近得多，而且幾小時內就可以看見。他的想法不被重視。隨後，連諾克斯號和其他兩艘船被派到法爾茅斯擔任護航任務，當中的鳳凰號碰到了希利群島的外圍礁石，但藉由幫浦日夜運轉還能維持安全無虞。

十月二十二日下午四點，夏維爾命令剩下的船隻停止前進，並且測量水深。他們停留了兩個小時，雖然在如建築物高的大浪中顛簸不已，但他們還是對於安全狀況感到滿意。之後，他們在順風之下往英吉利海峽駛去。兩個小時後，拍打在岩石上的碎浪與泡沫已清楚可見，這時發出槍響的警告信號已經來不及了。

這場海軍的——也是國家的——災難只能從當時的時代背景和用來推算航跡的工具來理解。航跡推算（或稱**D.R.**，依照航海者的術語來說）是指藉由推估的航行距離與按照所定的航線所能抵達的位置；測程器可以測出航行的距離，羅盤則能測出航行的方向。除了這些之外，領航者還要注意海流的流向；如果是風帆船，還要注意風壓差的問題。接近陸地或航行到淺水處時，還要使用另一種工具，測深器。

夏維爾的艦隊攜帶了最古老的航海設備——測深繩——來測量水的深度，它跟所有的優良發明一樣，有著簡單且容易操作的優點。測深繩——通常二十五噚的繩子有七磅重，而一百噚的繩子則有十四磅重——的底部呈杯狀，杯狀的凹洞中填滿了獸脂（以包住測深錘而得名）；如此一來，當測深錘打到海底時，海底的微粒就會黏在獸脂上，如沙子、泥巴、石塊、貝殼等等。這些微粒為沿岸航行提供了重要的資料，而這些資料現在仍可在英國海軍部的海圖上找到。海圖上表示水深的數字中散布了一些隱秘又神秘的字母：S表示沙子；M表示泥巴；Si表示淤泥；St表示石塊；Sh表示貝殼；Oz表示軟泥；而Co代表珊瑚，這是一種暗示，表示這裡的水較為清澈與溫暖。水道測量員以航海文本的訊息風格書寫海床的混合類型時，會讓文字變得非常拗口：例如fS.P.bkSh.G. Ck是指細沙、小圓石、破碎的貝殼、砂礫及白堊。

對水手來說，這種資訊也許太學術了點，水手真正希望的是航行於海面上，而非沈到海裡去。然而在當時，水手是以既恐懼又樂觀的心情航行於沿岸和大海上，這時哪怕是隻字片語，即便提到的只是泥的顏色，都有可能讓他們保住性命。

二十五噚長的測深繩仍以傳統的方式做標記：在二噚的地方綁兩條皮革；三噚的地方綁三條；十噚的地方綁一塊方形皮革，上面打一個洞；五噚與十五噚的地方綁一塊白色細帆布；七噚與十七噚的地方綁一塊紅色旗布；十三噚的地方綁一塊藍色毛料；二十噚的地方綁上一條繩索，並且在繩索上打兩個結。在夏維爾那個時代，水手可以用這種方式在夜間藉由觸覺辨認水深。較長的測深繩，也就是深海測深繩，每十噚綁一條繩索做標記，在各條繩索上打上與十的倍數相同的繩結。簡言之，測深繩可以讓船隻藉由已知的淺灘、陸棚和海峽的水下輪廓來找出航路。雷達能讓現代的水手看到海岸線的形狀，舊式的測深繩不但可以讓以前的水手瞭解海底的形狀，也能知曉海底的成分。

英國最早的記載（或者說是航海方向的書籍）可以追溯到十五世紀初期，資料中（資料的年代應該更為古老）描述了從直布羅陀航行到英國的過程中，進行水深測量時預測的海底類型。有關海底類型的詳細描述令人震驚。在不列塔尼的潘馬奇岬海岸外，六十噚的海底有「沙質軟泥和黑色小石子」，而五十噚的地方只有「黑色軟泥」。同樣的狀況也發生在不列塔尼，在貝爾島海岸外，六十噚的地方有「細計時沙」，一種用來做沙漏的細沙。英吉利海峽的波特蘭岬海岸外，二十四噚的地方可發現「白皙的沙子，裡面還夾雜著紅色貝殼」。

測深繩的早期插圖出現在一五八四年，印在一本日後將成為最有名也最有創意的海圖集的書名頁中。這本海圖集由荷蘭領航員華格納出版，很快就被翻譯成英文，書名叫《水手之鏡》。這本書成為一本航海指南，往後兩個世紀，英國水手將任何一本海圖集都稱為「威格納」（譯註：原作者Wagenaer的名字被英語化之後拼成waggoner）。

華格納《水手之鏡》的書名頁中有兩名水手，他們身旁圍繞著十六世紀的航海設備：四分儀、觀象儀、沙漏、十字器、天體與地球儀、兩腳規、磁羅盤。其中一名水手穿著長斗篷和尖帽，看起來像是留著鬍子的梅林在各種魔法的器具中施以秘傳的咒語，召喚著來自地底深處的怪獸——也描繪在圖中——反而不像是展示如何使用測深繩的水手。在神秘、巫術與魔法的氣氛環繞下，橫越大洋的航海技藝構成了一幅非常貼切的書名頁插圖。

插圖上沒有出現的是一種英國的發明——測程器——可以用來測量船速，因此能得知船隻航行的距離。第一個提到這種儀器的是伯恩的《軍隊航向海洋》，出版於一五七四年。第一張有關這種儀器的插圖出現在項普藍的《往西邊的新法國航行》中，出版於一六三二年；在書中，項普藍提到他曾看到「幾名優秀的英國航海家」使用測程器，其結果遠較「一般的推算方式」為優。在英國測程器出現之前，用的是一種「推算法」：將木片丟出船外，然後計時，通常是計算這塊木片花了多久時間通過船舷上的間距記號。相較之下，測程器就精巧多了，它是個半徑約九吋的木製圓弧，在弧形的底部邊緣加上鉛以增加重量。這種簡單的裝置上有三條細繩，如同烏鴉的腳一樣，這三條細繩又接到一條長繩上。裝置被丟下船時，會直直地浮在水面上。長繩上有繩結，每個繩結間隔的距離相等（一般是四十八呎），纏繞在繩軸上頭。要測量船速，就必須從船尾將測程器丟下海，水手拿著繩軸，並且將自己綁牢，以應付測程器落水後突然產生的拉力，同時以沙漏計時，一共要維持半分鐘。在沙子漏完之前，藉由從繩軸脫離的繩結數量，可以計算出船隻每小時走多少海里；一直到現在，船速也還是以「節」（knot）來計算❶。

❶ 對數學敏感的機警讀者應該會注意到有些地方不對勁。一海里有六千零八十呎，半分鐘的話，一節的間距應為五十一呎，但是水手（實際進行操作的人）卻不願使用五十一呎這個不實用的數字。四十八呎剛好等於八噚，如果結與結之間的距離需要劃分，也會分成八等分，即噚。航海日誌的速度欄總是在表頭記著K（節）與F（噚）。以四十八呎為間距還有另外一個好處：由於船速會被高估，因此會將船的位置推算得較原來的位置前面一點，這在接近陸地時會有好處。

第三件用來推算航跡的物件是磁羅盤。今日的航海磁羅盤是液體羅盤，羅盤盤面浮在液體（通常是水和酒精的混合物）上，液體可以讓羅盤盤面的移動更為順暢。夏維爾時代使用的羅盤是乾羅盤，羅盤盤面上有磁針，被固定在垂直的小針上，這些東西一起被置放在木製或黃銅製的盆裡，盆口則用玻璃蓋罩著。船隻在海上航行時總是會左右傾斜、上下顛簸，這時便可將羅盤盆掛在水平環（內外兩層圓環，以樞紐固定）內，讓羅盤盤面盡可能保持水平。

曾對夏維爾艦隊的航跡推算位置表達過不同意見的姜伯爵士，也對羅盤提出了不同的意見。姜伯是個廣受尊崇的軍官，他的意見不可等閒視之，於是他們將艦隊所有的羅盤都拿來檢查，結果十分令人震驚：在一百三十六個木盆羅盤與九個黃銅盆羅盤中，只有三個還能使用。在波茲茅斯的商店裡販賣的三百七十個木盆羅盤中，人們發現只有七十個處於良好狀態。羅盤被送到海軍造船廠時，其實已經有瑕疵了；有些羅盤的水平環很脆弱，送到船上時都已經斷了。有個羅盤製造商就說，他的對手製造的水平環，「厚度不會超過舊四便士硬幣」。木盆裂開，羅盤指針磁化不足，過幾個月就完全無用；由羅盤指針（南北向）在底下支撐的羅盤盤面往東西兩邊傾斜下去。之所以會有這種令人遺憾的情況發生，原因在於他們習慣把備用的羅盤放在水手長的儲藏室裡。儲藏室跟隔壁的火藥室一樣潮濕，火藥中的硝石會加速生銹的過程。雖然有人建議羅盤應該放在乾燥的木盆裡，並且要放在存放麵包的房間，不過這麼做還是沒什麼效果。另一方面，海軍部似乎接受了批評者的建議，決定只購買黃銅盆羅盤❷。

砲火與雷雨也會讓指針失去磁性。報告指出，如果船隻要離開海軍造船廠一年或一年以上，海軍部會配發磁石，用來重新磁化指針——或者，換個好聽的說法，「讓指針恢復精神」——而海軍部方面應該購買磁石，並且僱用適當人員來重新磁化及修理羅盤。

不過，如果海圖不正確，那就算有世界上最好的羅盤也沒用；而在夏維爾那個時代，絕大多數的海圖都將希利群島畫在它實際位置偏北幾哩的地方。除此之外，當時也存在著一些未知的海流，例如在比斯開灣強大西風吹拂下產生的倫內爾海流，由厄善特向北流到希利群島，再加上奇妙的磁偏角效應，夏維爾會遇上這場災難也就不令人訝異了。

磁羅盤指向磁北極，而非地理北極，這兩個點產生的角度差被稱為磁偏角；當角度偏向地理北極線（即經線）的東或西側時，這個角度分別被稱為東偏角或西偏角。對於航海者來說，設定航線時一定要考慮到磁偏角這個重大問題。而讓問題更複雜的還在於磁偏角本身不是一個常數，它隨著位置不同而改變，也——對水手的另一個大患——隨著一年一年過去而改變：長期變遷。一五八〇年，倫敦的磁偏角是十一度十五分東。到了一七七三年，它往西偏了三十二度，成了二十一度零九分西。到了一八五〇年，它又增加到二十二度二十四分西。一百年後，它減少到九度零七分西，時至今日仍在持續減少中。

❷ 直到一八三〇年，木盆羅盤才由美國海軍開始使用。

航海者忽視磁偏角就等於是在冒險。一七〇一年，就在夏維爾船難的前幾年，天文學家與數學家哈雷也注意到了磁偏角，他指出，英吉利海峽的磁偏角在一六五七年時從東偏到了西，現在則是七又二分之一度西。換句話說，一個習於微偏角或無偏角的老水手按照羅盤的指示朝著正東航行，以為這就是實際的航向，事實上他的方向是東略偏北。

夏維爾的駕駛員態度傲慢，漠視正確的航海實務，完全沒考慮到磁偏角的問題。希利群島的位置其實比他們航海圖上標定的位置再偏南一點，加上倫內爾海流將他們往北推，以及愚蠢的駕駛員對磁偏角的忽視，死神與災難便因此降臨到夏維爾、他的士兵和他的艦隊身上。

在夏維爾艦隊兩千名士兵溺死的兩百六十年後，裝載著十二萬噸原油的油輪托瑞峽谷號以十六節的速度，在明亮的天光、完美的能見度下，於平靜的海面上航行著，卻撞上了希利群島附近七石暗礁的花崗岩。大量原油外洩，遠至得文郡都能聞到。沒有人喪生，卻造成海鳥、魚類及甲殼類動物大量死亡。

托瑞峽谷號的擁有者是梭魚油輪公司，而後者的辦公室不過是百慕達漢彌爾頓高爾漢路上一幢建築物中檔案櫃抽屜裡的一份檔案罷了，公司所有人是紐約的一群律師。梭魚油輪公司將托瑞峽谷號租給了加州聯合石油，加州聯合石油又將這艘船包租給英國石油做單程的航行，英國石油的股份中有百分之四十九屬於英國政府。這艘油輪在美國建造，在日本加長並加大容量；上面的船員是義大利籍，懸掛的卻是賴比瑞亞國旗。這艘船簡直是企業的大雜燴，而它也成了沈船記錄有史以來的第二大船。

托瑞峽谷號的航海設備有雷達、遠航儀、無線電測向儀、測深器和六分儀。從科威特出發的大部分航程裡，油輪都是交給自動駕駛，但是自動駕駛在運轉時卻不使用旋轉羅盤儀；旋轉羅盤儀能指出真正的北極，因此能省卻磁偏角的麻煩。然而，在長期航行中，自動駕駛卻兩度引起了麻煩。

希利群島剛好設有完善的路標，如燈塔與燈塔船。當船很明顯朝著災難駛去時──雷達與羅盤的方位都在航海圖上指出了險惡之區，而漁船也發出了警告信號──船長大喊著，命令要改變航向，但是船的航向依舊沒有改變，因為駕駛系統沒有改成手動，等到改成手動已經太晚了。根據調查局的說法，到了這個時候，油輪沈沒只在片刻之間：「托瑞峽谷號的船首開始偏向左側，從記錄器圖上的航線來看，船首方向為三百五十度。八點五十分，它撞上波拉德暗礁，猛烈停下並且牢牢地擱淺。」躺在西敏寺中的夏維爾爵士遺體──《英國傳記大辭典》上寫著：「講究的紀念碑下充滿了詭譎的氣氛」──此時想必也有所感觸吧，希利群島的船難史自此又添上一筆。

夏維爾時代的羅盤還需要用磁石反覆加以磁化，隨著時間推移，現在的航海也變得更複雜。然而，從磁石到全球定位系統，路途可說是迂迴曲折，鋪滿了船骸與水手屍骨。

2 指針與石頭

磁石、磁鐵礦、氧化鐵、Fe_3O_4——這些詞都是用來描述一種晦暗、灰黑、可以在地表的岩石露頭看到的礦砂。這種看起來毫不起眼的石頭有著非凡的特質，不只能吸鐵，還能將鐵磁化。它也能顯示兩極：如果在細長磁石條的中央綁上一條線，磁石條將會成南北向。我們再用這條磁石來回摩擦金屬針，磁石的特性就會移轉到針上面；換句話說，透過來回磨擦可以製造出羅盤的指針。

有些磁石的樣本就像人，由於具有特大的磁性，因此擁有一種過人的、也許我們可以稱之為石頭的性魅力。阿肯色州的磁石溪就因盛產這種充滿磁性性慾的石頭而聞名於世。

五世紀時，希波的聖奧古斯丁（旺盛的性慾使他有一個私生子）提到自己曾驚訝於磁石能吸起金屬指環，而這個指環又能吸起另一個指環，然後又是一個指環，直到磁石上吊著一長串指環所連成的鏈子為止，這些物品被一種看不見的力量串連起來。有位修道院院長也向奧古斯丁描述了磁石的神秘力量，根據他的說法，將一些金屬碎屑灑在銀盤上，以磁石在銀盤底下移動，則銀盤上的金屬碎屑也會受力量牽引而四處移動。

十三世紀傑出的英國哲學家與科學家培根，因為擁有鍊金術士與巫師的名聲而被教會逮捕入獄，他就曾對磁石進行過實驗。他發現，磁石的一端會吸引鐵，另一端則會「讓鐵如小羊見到狼般逃得無影無蹤」，這個有趣的比喻正足以說明同性相斥、異性相吸的現象。他也提到引力在水中能產生作用：把鐵針插入稻草，使其漂浮於水碗中。將磁石放在碗底下時，針會潛入水中；而將磁石放在碗上方時，針就會升起。

不過，對於某些中古時代的人來說，磁石具有的性質要比培根所說的還重要得多。如果丈夫懷疑妻子可能通姦，將磁石放在她的枕頭下，就會讓她在睡夢中招供。將少量磁石粉與甜水一同服下，可以減肥。將同樣分量的磁石粉與白開水一起服下，可以恢復青春。這種萬靈丹還可以治療痛風與頭痛，防止禿頭，並且能吸出傷口毒素，舒緩疼痛，讓分娩更感輕鬆。它讓男人與女人成為談吐高雅的說話者。小偷也發現磁石可以幫他們偷東西：如果將少量點燃的磁石粉丟到屋子裡，會讓屋內的人以為屋子要塌了，就會逃離屋子。將磁石放在口袋裡隨身攜帶，會讓人憂鬱。將磁石粉與蕁麻汁及蛇油混合能讓人發瘋，還會讓瘋人不幸的靈魂離開家庭和自己生長的地方到處流浪。大蒜與洋蔥的氣味會讓磁石消磁，所以水手們都禁止吃這種健康卻刺鼻的蔬菜，以免嚴重影響羅盤指針與船隻航行。

內克漢，英國的學問僧，他是第一個記錄磁石可以將金屬針磁化的人，然後又將金屬針用於航海羅盤。內克漢生於一一五七年，和未來的英國國王理察一世（即獅心王理察）同一天出生。內克漢的母親同時哺育兩個嬰兒：理察吸的是右奶，內克漢則是吸左奶。二十三年後，內克漢在巴黎大學教書，而他的義兄弟則改良了中古時代的戰爭武器，在阿奎丹境內燒殺擄掠。

內克漢寫了兩篇當時的典型論文。《論事物的本質》是裝滿傳說與民間故事的寶庫：月中之人；垂死天鵝的最後終曲；在茗荷中長大的鵝；能透視九面牆的銳眼山貓；站在木板上過河的松鼠，把自己的尾巴當成船帆。《論功用》則討論日常使用的物品。

在《論事物的本質》中，他描述：「水手航行於海上時，在烏雲密布中，得不到日光的幫助，或者在夜幕低垂的世界裡，不知道船首正駛向地平線的何方，於是他們將針放在磁鐵上，使它如圓圈般旋轉。等到針停止之後，針頭所指的地方就是北方。」

在《論功用》中，羅盤指針被描述成裝在木桿上的東西：「小熊座被雲層擋住時，它可以讓水手們知道該走什麼航線。」內克漢的木桿讓學者傷透腦筋：這個木桿是垂直的木桿嗎？意思是說，它是羅盤指針的軸針嗎？還是他指的針是被插到木桿或稻草裡頭，如此一來就可以讓針浮在水碗中？

學者的論點各自不同，有贊成的也有反對的，卻都言之成理，不過這些論點的內容早已超過內克漢所說的範圍。由於內克漢身處於僧侶與學者彼此爭論的時代，因此這些爭論某種程度上也諷刺地扭曲了問題的本質。我們所能得知的是，內克漢極為討厭海洋，他認為海是危險的，除非基於迫切的需要，否則不該從事航海。他之所以會有這麼強的厭惡感，也許跟他自己橫渡英吉利海峽的經驗有關。

內克漢之後數十年，有兩位道明會托缽修士描述他們用鐵針插進稻草，做成一個十字，放到水碗中讓它漂浮起來。把磁石放到碗邊，讓磁石沿著碗邊移動，並且逐漸加快速度，直到針也開始快速旋轉為止。此時，快速將磁石拿開，修士們寫道：「針頭指向了海洋之星，並且停止不動。」

一二一八年，法國主教維特里的賈克航行到位於阿克爾的教堂，他寫道，鐵針「與磁石接觸之後，總是會轉動並且最後指向北極星。北極星靜止不動，眾星以它為中心而旋轉，使北極星宛若天空的軸心。鐵針因此成了海上航行的必備用品」。

即便是詩人，也描寫了磁化的針及其指向北極星的神奇能力。法國吟遊詩人普羅凡的古伊優，在十三世紀初便以諷刺的筆法期望教宗能跟北極星一樣恆常不變：水手們

無論何時都會看著北極星，因為他們可藉此維持航線……有了磁石，他們的技藝便不會矇騙他們。拿著這塊醜陋的黑石，鐵會吸附在上面……他們在上面找出正確的位置，再用針去碰觸黑石。之後，他們把針放在稻草裡，並且直接將它放到水裡，稻草讓針可以浮起來。針尖會正對著北極星，人們無需懷疑，因為它從不欺騙。當海上一片黑暗並且充滿了濃霧時，別說是北極星，連月亮都看不到，此時他們會放一盞燈在

針旁邊，這樣便可以找到他們的航線。針尖對著北極星，水手就能知道如何掌舵，這是一種從未失敗過的技藝。

要發展這種技藝一定要花時間。發現磁石條指向北方；用鐵針磨擦天然磁石可以製造出人工磁石；把針放在水面上，針會開始轉動；針的某一端總是指著北極星；鐵針必須與磁石特定的一端磨擦——這些發現都必須經過長時間的發展，不可能單憑想像或一次實驗便能獲得。

西方文獻有記載前的幾個世紀，中國人就已經曉得金屬針經磁石碰觸後產生的指向性質。十一世紀末，百科全書家沈括在《夢溪筆談》中提到：「方家以磁石磨針鋒，則能指南。」他還說，針可以浮在水面上，但並不穩定。針也可以在指甲與碗唇上保持穩定，但最好的方式就是用蠟滴將絲線黏著於針的中央，懸掛於無風處，針就會指向南方。

在指甲上平衡一根磁化的針，以及在無風的地方懸掛一根針，這些似乎是在宴會酒足飯飽之餘所玩的小把戲，卻也是方家展示預言能力的理想方式，水手在海上嘗試也能得到一些樂趣。

十一世紀的其他中國文獻還提到一種磁化的、魚形的、跟聖餅一樣薄的鐵製葉片，它可以浮在盛滿水的淺碟子上，魚頭向著南方。一個世紀後（大約在此同時，航海羅盤也被西方的僧侶、托缽修士與詩人記錄下來），中國的術士做了一種浮在水面的木魚，裡面剛好可以嵌入隱藏磁石，魚頭指向南方。另外一件東西也許會讓人們看了覺得分外有趣，它是一個小木龜，同樣也嵌入隱藏磁石，可以在一根磨尖的竹釘上保持平衡並且旋轉；烏龜的頭朝向北方，尾巴則向著南方。這些令人著迷的器具並不是用在海上，而是術士與方家用來營生的工具。

第一份明確提到航海羅盤的中國文獻是十二世紀的《萍洲可談》，作者朱彧，他的父親曾是廣東港口的高級官吏。書中有一章描述了廣東與蘇門答臘之間的商業航行：「舟師識地理，夜則觀星，晝則觀日，陰晦觀指南針。」朱彧接著繼續敘述一件中國使用的、跟歐洲測深繩功能相同的東西：「或以十丈繩鉤取海底泥，嗅之便知所至。」

到了十三世紀末，吳自牧描述了從杭州航行到東海的過程——「茫無畔岸，其勢誠險，蓋神龍怪蜃之所宅」——寫實表現出水手在暗礁與地勢較低的島嶼中面對的危險。最後則是大家最想知道的舵手犯錯造成的嚴重後果：「全憑南針，或有少差，即葬魚腹。」

這些不幸遇難者所仰賴的羅盤，如同內克漢所描述的，只是簡單、自由漂浮的指針；一直要到十六世紀末，中國人才採用歐式乾軸針羅盤。日本海盜也注意到荷蘭與葡萄牙羅盤的優越之處，並且開始使用這些羅盤，取代原本使用的自由漂浮的指針。十六世紀一位評論家寫道：「近來江蘇、浙江、福建及廣東一帶的居民飽受倭寇侵擾之苦。倭船在船尾設置乾軸針羅盤來修正他們的航路，而我們則注意到這一點，並且開始仿效，於是這種器具在江蘇也已經普及。」

一二六九年（比吳自牧在書中提到航行東海的凶險還要早個幾年），法軍正圍困南義大利盧瑟拉地區的一個堡壘城鎮，朝聖者彼得（本名馬里固爾的皮耶）是法軍士兵，寫了一封長信給在皮卡迪的朋友。這封信造成很大的影響，日後陸續產生了許多複本，其中特別美麗的一份收藏在牛津的巴德雷圖書館中。這封信提到了磁石與羅盤。

被描述的羅盤當中，有一種羅盤是將仔細切割並且塑形的磁石放入圓形密封的盒子裡，盒蓋上有指針。然後，將盒子放在稍大一點的水盆裡，使其漂浮在水面上。這種設計是為了讓天文學家無需利用太陽就能看出正確的子午線位置。第二種羅盤較為精巧，這是一根裝有軸針的磁化指針，安放在裝有玻璃蓋的盒子裡。蓋子的邊緣刻有刻度，並有瞄準孔做為觀測星辰之用。

朝聖者彼得也致力於發展另一種觀念。他認為，磁石本身與天上的日月星辰有著類似性，因此總能指向天體之極。一塊被正確切割並裝設的磁石，外形呈球狀，旋轉時應能與地球保持同步：換句話說，它是個永恆的時鐘。他的朋友培根認為這件物品值得收入國王的寶庫中，然而，這塊旋轉的磁石卻不再移動，對朝聖者彼得來說，算是憾事一件。

用一個水碗裝著一根被磁石刺穿的稻草，這種器具實在不足以用於海上航行。簡陋製成的十字容易與碗緣碰撞，而且船搖擺不定，水也會灑到碗外頭。當人們稱其為「指針與石頭」的魔法時，隱約暗示它是一種秘術：舵手埋首於碗前，拿著磁石在碗邊繞圈，看起來就像在鍋裡攪拌著什麼靈丹妙藥，但其實只是想找出北方的位置以及確定風向的變化。在內克漢的時代，當天上的星辰都隱蔽不見時，浮羅盤便成了依靠風力航行的船隻非常珍貴的幫手。

3 風向玫瑰

距離帕德嫩神廟四分之一哩的地方，矗立著一座八角形風塔，從這裡可以俯瞰雅典市普拉卡區如迷宮般曲折蜿蜒、充滿塵土的狹窄巷弄與樓梯步道。風塔建於西元前一百年左右，八塊老舊牆面上分別刻著古典世界中被擬人化的八種風：Boreas、Kaikos、Apeliotes、Euros、Notos、Lips、Zephyros、Skiron。Boreas是咆哮的北風，吹著海螺，穿著披風在風中飄動。Kaikos是來自東北方的冰風，將盾裡裝得滿滿的冰雹全部倒個精光。Apeliotes是溫和

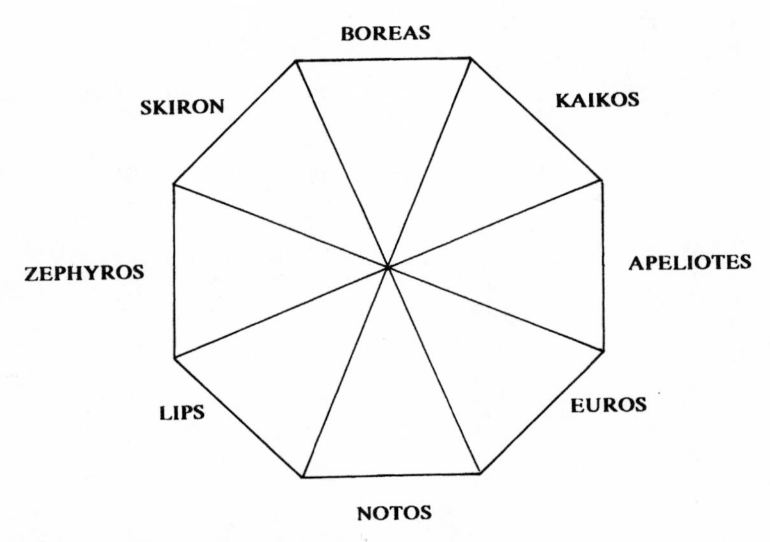

希臘人的八種風被擬人化之後，刻在雅典的八角風塔上。

的東風，手裡拿著穀物與水果。Euros是東南風，將一隻手臂藏在斗篷裡，威脅著要吹起暴風。Notos是南風及攜雨者，倒光了水瓶中的水。Lips是西南風，拿著aphlaston（船尾飾物），讓船隻航行得更快。Zephyros是溫和的西風，將膝上的花遍撒各處。Skiron是乾燥的西北風，拿著一個甕，裡面裝滿了白熱的木炭。

希臘世界中最都市化的雅典人坐在滿是美食佳釀的晚宴中，狎弄著奴隸男童、跳舞女孩和文雅的hetairia（在雅典等於最貴的妓女）。在曲終人散、步履蹣跚之際，他們卻仍然能感受到風吹拂著他們的臉頰，並且藉由風的強度、濕度、溫度與方向來辨識出是哪一種風——然而，他們的感受也許不像水手那麼敏銳與精確。

古地中海水手的航海季節很短，被壓縮成七個月，介於四月到十月之間。冬天時，平底帆船被拖出來，而商船則停放在碼頭旁。在柏拉圖、亞里斯多德、蘇格拉底和狄摩西尼斯的時代，這幾個月是雅典港口派里俄斯的寧靜月分；相反地，到了夏天，則是一幅興奮景象，充滿了刺鼻的異國氣味和嘈雜的各國語言。碼頭邊堆放著環地中海與黑海的農產品：亞麻、麻、紙草、棗子、堅果、香、起司、無花果、葡萄酒、蜂蜜、橄欖油、獸皮、象牙、木材和樹脂，還有最重要的，來自俄羅斯、西西里和埃及的穀物。

載運這些貨物的貨船大小不一，較小的可以直接登陸靠岸，西元前三百年左右，塞浦路斯海岸就曾有海盜擊沈一艘這類型的船隻。經過大規模的水下考古研究之後，終於重建了這艘塞瑞尼亞二世；而從它的複製品看來，這只是一艘長四十六呎的船。原船可以載運四百瓶葡萄酒、橄欖油及壓艙物，船上有四名船員，負責看管桅桿上的四角帆。船尾的左舷與右舷分別裝有駕駛舵板，一直到十五世紀為止，地中海地區都沿用這種駕駛方式。

經過了幾個世紀，貨船變得更大。帝國時期的羅馬是個人口超過一百萬的大城市，每年要吃掉四十萬噸糧食。其中有三分之一來自埃及，以大型運糧船隊（這些運糧船就像現在的油輪，只是沒那麼大，但是在提供居民生活日用品上同樣都是不可或缺的）運到羅馬。其他的船則是運酒船，上面有土槽。不放酒的時候，土槽的重量是一噸，統統裝滿可以放八百加侖的葡萄酒。

這些貨船只有在順風或是在尾舷風之下才能有效前進，逆風會阻止船前行，宛如碰上山壁。在東地中海與黑海，盛行夏風從北方吹來——希臘人稱之為Etesian，或稱「年」風——讓從黑海運糧到雅典的船隊格外輕鬆，但是對於從埃及運糧的船來說，可就是冗長而煩悶的差事。

用來餵飽羅馬的運糧航線也同樣受到地中海中部地區盛行西北風的影響。從羅馬港口歐斯提亞到亞歷山卓，順風時只需航行兩個星期，回程時卻是兩個月辛苦而迂迴的航程。風塔建成的七個世紀後，這種海上航行的狀況也讓征服埃及的阿拉伯將領恨得牙癢癢的。他警告說：「別掉以輕心，多防著點。人在海上就好比木片上的蟲子，不是被吞沒，就是被活活嚇死。」

幾個世紀以來，地中海的水手在出港前後都會像荷馬筆下的英雄一樣，相信將酒灑在甲板與海上來敬神可以帶來平安。除此之外，為了更加保險，他們也遵循世代傳承下來的航線。

希臘地理學家阿加特摩斯寫道：「順著Boreas，從佩發斯到亞歷山卓要三千八百斯德底亞。」換句話說，北風能將船從塞浦路斯南岸的佩發斯吹到三百哩外的亞歷山卓。

隨著影響力與政治重心從希臘移到義大利，風也改變了名稱，而航線也變得更細緻，涵蓋得也更廣。一世紀的自然學家老普林尼寫道：「從卡帕索斯島到羅德斯島，順著Africus要五十哩。」Africus指的是南風。十字軍東征期間，主教維特里的賈克的船就曾遵循著航線進入阿克爾港，避開聖安德烈教堂附近的暗礁。然後，當「保安官的房子與飛塔（清真寺高聳的尖塔叫拜樓）成一直線時，你就可以直直地開進港口」。

一名海上水手，舉目所及不見陸地，坐在以地平線為圓周的圓圈正中心，這個圓相當小。站在甲板上，他的眼睛只比海平面高九呎。他位於圓形水世界的中心，這個圓直徑約七哩。從桅柱頂上看，眼睛則距離海平面約七十五呎，他的世界直徑將增加到二十哩。

吹過這個圓的，正是水手所稱的地中海風：風塔上的八種風（雖然有喜歡動腦的人用

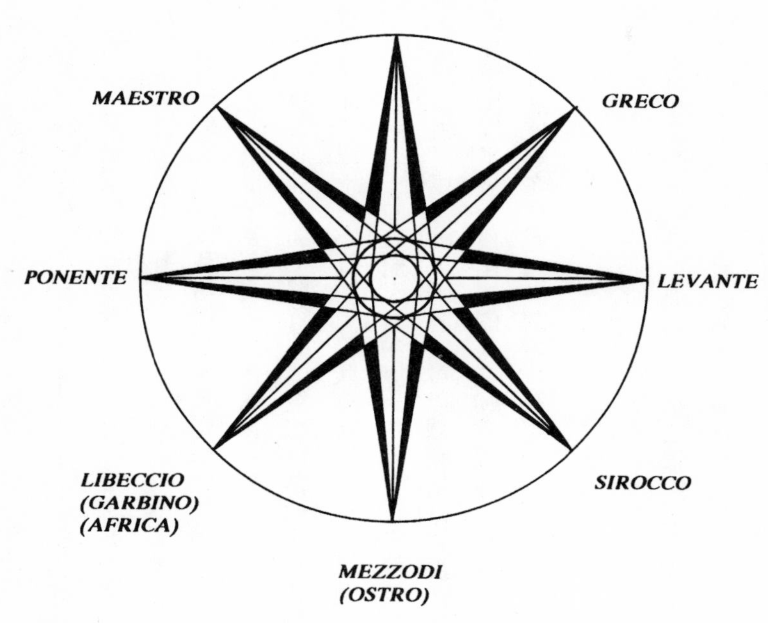

十三世紀的義大利水手認定的地中海八種風向。

好玩的心態想出了十二風系）很快被區分成十六風系。對於十三世紀的義大利水手來說，吹過他的圓形世界的風是以下列方式命名的：從日出的東方吹來的稱Levante，從日落的西方吹來的稱Ponente，正午時從偏南的太陽處吹來的稱Mezzodi或Ostro，翻過北方的山脈吹來的北風稱Tramontana。這四種主要的風在地平線上畫出了四個象限，再將這四個象限予以對分就產生其他的風，即半風：Greco（東北風）、Sirocco（東南風）、Libeccio

（西南風）、Maestro（西北風）。這些是八種主要的風，藉由組合就能表示出十六種風：例如唸起來就像音樂的 Sirocco ver levante poco，是指略為偏東的東南風。

風向之所以變得如此多樣，原因之一在於船舶航行能力的改善，而這當中伴隨著許多技術的發展。安裝在船尾的舵取代了兩片駕駛舵板；引進帆腳索，當風從船尾或船尾側以外的方向吹來時，可以利用帆腳索拉緊橫帆的前緣，這樣就可以讓帆桁受風；增加一到兩根桅柱，其中一根是裝有大三角帆的後桅柱。這些改良方法使得裝有橫帆的船隻可取得更大的受風面，並且增加了航行的弧度。以錶面來做比喻，一艘亞里斯多德時代的商船，如果有風從北方或十二點鐘的方向吹來，它的航行弧度將局限在四點鐘到八點鐘方向之間。之後的橫帆帆船，由於船上各項裝置以及舵的改良，因此航行弧度增加到二點鐘到十點鐘方向之間。桁可以轉動，帆腳索可以調整帆的角度，因此船能迎著風航行。這段演進過程的最高峰出現了世上最美麗的人造物：優雅、快速、風力帶動的十九世紀茶與羊毛快速帆船，然而這種船在世界海洋的地位註定要被技術更先進的鋼鐵蒸汽船取代。

一〇九五年十一月二十七日，在法國中部的克雷蒙—費宏，教宗烏爾班二世力勸西方基督教世界到聖地進行武裝朝聖，並且從土耳其人手中奪回聖城耶路撒冷。四年後，一〇九九年七月，聖城落入第一次十字軍東征的基督教騎士及步卒之手。耶路撒冷之所以會陷落，主要是因為熱那亞艦隊於六月抵達賈法，運來了食物、木材和工匠，木材與工匠可以建造大型攻城塔、投石器及弩砲（巨型十字弩）。

攻陷耶路撒冷之後，隨之而來的就是在耶路撒冷建立拉丁王國。直到一二九一年王國滅亡為止，中間有兩百年的時間，這個封建國家一直需要生命線及輔助系統來維持，支持的主要動脈是地中海以及來自於海上城邦共和國的船隻，例如比薩、熱那亞、威尼斯與阿馬爾菲。這些城邦皆因十字軍而日漸壯大，而它們的商船進行的則是危險的欺騙行為：一方面小心翼翼地增援耶路撒冷的基督教同胞，另一方面卻大膽地冒著出賣自己靈魂的危險與穆斯林做生意。

軍事與商業艦隊頻繁地往返，使得航線與海圖的進展一日千里。首次提到海圖的使用是在一二七〇年，法王路易九世組成了一支為數達三十九艘船的十字軍艦隊，這些船都是法王向熱那亞與馬賽的船主租用的。船上的舵手在暴風雨過後的平靜中還必須安撫擔心不已的路易，並且在海圖上向國王指明，他們已經離開了薩丁尼亞島的卡格里亞利灣。

現存最老的海圖是比薩海圖，可以追溯到一二七五年。海圖從黑海延伸到英國南部，黑海與地中海的海岸格外地精確，大西洋的海岸線就略遜一籌。海圖畫在羊皮上，羊頸位於右邊（與通常的羊皮航海圖不同，一般羊頸都是在左邊）。這是一張有助於實際操作的海圖，由不知名的人士繪製，這個人也許是熱那亞人，精通數學並熟知水手的需求。

從現代水手的眼光來看，這張海圖的外觀讓人困惑不已。比薩海圖雖有比例尺，卻沒有經度或緯度。最引人注目的特徵是它有兩個大圓，一個的中心在愛琴海，另一個則在薩丁尼亞島附近。兩個圓心往外放射出十六條線，這些線碰到圓周會像光線一樣反射回來，使得海圖略帶一點夢幻效果。如果能發揮一點想像力，圓的十六個點就好像十六片尖形花瓣，構成風格獨特的花朵。這是風的玫瑰，或叫風向玫瑰。

後來的海圖比較簡化，而線條構成的網狀在標上顏色後也變得較容易辨識。上色也有一定的標準，八種主要風是黑色的，八種半風是綠色的，十六種四分之一風是紅色的。微小的風向玫瑰成了裝飾品，不管是八方位、十六方位還是三十二方位，都被塗上了顏色；上了色之後，風向玫瑰看起來就像顆星星。

藉由尺規的協助，航行者可以利用由風向玫瑰往外發散的恆向線，找出港口與港口之間的航線。在義大利出生的探險家維斯普奇（他的拉丁文名字叫阿美利庫斯，日耳曼製圖家瓦爾德澤謬勒以他的名字為新世界命名）花了一百三十金達克特購買這種恆向線海圖。

這些地中海海圖通常還會附上航海指南。現存最古老的航海指南可以追溯到一二九六年，上面依順時鐘方向畫了環地中海航線，從伊比利半島的聖文森角到摩洛哥的薩菲。這些指南讀起來就與現代的航海指南無異：標出危險區域，建議安全的下錨點，寫出航線與航程。海圖與航海指南是以磁羅盤蒐集的資料為基礎繪製而成——因為這些海圖與指南實在太過精確，沒有磁羅盤是不可能畫出來的——它們共同促進了歐洲經濟的發展。

威尼斯、熱那亞、比薩與阿馬爾菲的商船遵循希臘人與羅馬人的做法，也避免在冬日月分出航。船隊會在復活節時順著 Levante 出海，九月時返航。另外一支船隊，即冬天的船隊，會在八月時從威尼斯出航，冬天時待在海外，五月時再回到威尼斯。熱那亞的船隊會在九月時航向埃及與利凡得，冬天待在海外，六月時再回到熱那亞。比薩規定，任何船隻只要在十一月一日入港之後，就不准再出港，直到三月一日為止。

到了十四世紀才改變所有的做法。羅盤為人們帶來了信心與能力，使他們敢在陰沈的天氣裡航行。船隊現在一年可出海兩趟，比薩的船隻會在仲冬時出海。通曉水都威尼斯一切事物的世界權威蘭恩曾說：「地中海持續了數千年的『冬日海禁』傳統就這樣被羅盤粉碎了。」

內克漢描述的羅盤，是將磁化的針插入稻草中，並使其漂浮於水碗中。然而，這樣的設備實在太過簡陋，不可能蒐集到羊皮海圖及航海指南上繪製的資訊；要蒐集到這種資訊，必須仰賴在乾盆中以垂直針為軸針、上面架著平衡的磁化紙針的羅盤。不過，此時又添加了新的措施：一個姓名不詳的天才製作了一張類似海圖風向玫瑰的圓形圖面，然後把圖面放在針上，水手就可據此在特定航線（即羅盤的航線）上航行，運用羅盤盤面上的方位找出岸上目標的方位。葡萄牙人至今仍把羅盤稱為 rosa dos ventos，即風向玫瑰。

這項發明極有可能出自義大利人之手。

阿馬爾菲是個小漁村，位於薩雷諾灣北岸的一座峽谷中，從這裡可以俯瞰蔚藍的海洋，因而吸引了遊客與名人前來。九世紀時，阿馬爾菲是個強大的海上城邦，足以和比薩、威尼斯及熱那亞匹敵。它擁有海事法，即tabula de Amalpha，通行於整個地中海世界。然而，一三四三年的地震與暴雨摧毀了阿馬爾菲的港口，隨後比薩又掠奪了這個城市，曾有過短暫興盛期的貿易城邦阿馬爾菲不久即開始衰退。最後致命的一擊發生在一三四八年，最可怕的殺手黑死病降臨這座城市。

為了彌補這段受傷的歷史，阿馬爾菲人自誇於一三〇二年發明了磁羅盤。而且六百年後，也就是在一九〇二年，鎮上的人還舉行慶典，並且豎立了一座銅像，蓄鬍戴著頭巾的人正凝視著手上的羅盤。這個人就是喬伊亞，人們認定的磁羅盤發明者，阿馬爾菲也以喬伊亞廣場及羅盤飯店自豪。

阿馬爾菲希望英國政府能資助這項慶典，卻被英國海軍部的水道測量員打了回票。潑冷水的不只他一個，對於貝特里這位花了三十年鑽研塵封檔案的義大利歷史學家來說，真正的事實是根本沒有喬伊亞這個人，他是個神話。幾個世紀以來，這團迷霧不僅創造出這個神話，也影響並扭曲了各種文件對於這段歷史的描述。然而不論如何，慶典還是照常舉行，而時至今日，神話人物喬伊亞仍面對著地中海，凝視著他的羅盤：亞瑟王與石中劍的海上版本。

義大利海圖（一四九二年左右）上的風向玫瑰，有各種風向的字首，以百合花徽標示北方，以十字架標示東方。

義大利人為風的恆向線取了名字，北歐水手卻從來不用這些義大利名，他們以日耳曼語的北、南、東與西來區隔圓形地平線。日耳曼語的方位名稱結合起來反而更精確，九世紀時，盎格魯撒克遜的阿弗雷德大帝就使用了東北、東南、西北及西南等名稱來為八風系命名。

又過了幾世紀，喬叟在一三九〇年完成的作品〈論星盤〉中寫道，英國水手將地平線分成三十二等分，命名時採用的是比較簡單的方式，例如「南南東」，而不是採用義大利那種較具音樂性的名稱，如 sirocco ver levante poco。英國水手的做法也引起葡萄牙與西班牙水手的爭相仿效。由於法國人擁有地中海與大西洋的海岸線，因此直到十八世紀初為止，都還同時使用這兩種系統。至於義大利人，則堅守自己的系統直到十九

羅盤盤面上標有三十二個方位刻度，百合花徽標誌著北方，十字架則標誌著東方。右方是橢圓形的磁針。本圖取自寇提斯的《航海技術簡史》（一五五一年）。

世紀。

不過，創造風向玫瑰海圖的地中海仍陰魂不散地發揮影響力。百合花徽是羅盤盤面上顯示北方的標準標記，地中海海圖上的風向玫瑰就是以這種方式標示。一般是用T來表示Tramontana，也就是北方，但不知從何時開始，就被不知名的製圖者裝飾成百合花徽。另外一種風向玫瑰的標示，則是以十字架或其他裝飾來表示東方，這種做法一直持續到十九世紀；同樣地，也有人在地圖上畫一些圖案來表現出擬人化的義大利風，例如鼓起臉頰吹氣的天使與老人。

「當一艘橫帆帆船轉向逆風行駛時（亦即，盡可能在逆風中利用風力前

進，直到船真的無法前進為止），它能前進的範圍頂多是六個方位。為了充分理解這一點，年輕的海員必須讓自己徹底熟悉航海羅盤，並且勤勉地進行實際演練，如此方能於突發狀況時在腦子裡立即浮現解決之道。」這是雷佛在一八〇八年《新進水手須知》當中的說法，這種技藝要經過長時間乏味的記誦，才能「勤勉地學成」——就跟孩子們努力背誦乘法表是一樣的道理——他們要練習「依序舉示羅盤的方位」，新進水手必須從北方開始，依序背誦羅盤的三十二個方位，然後再逆時鐘背誦一遍。三百六十度的羅盤盤面最後成了一種特殊的心靈折磨。

正如我們身上仍殘留著爬蟲類動物的腦部遺跡——爬蟲複合體——一樣，現代海圖也同樣殘留了風向玫瑰的形影。現代的圓形羅盤玫瑰標示的是刻度，而非羅盤方位。許多海圖上面添加了兩個羅盤玫瑰，其中一個指向地理北方，即航海者所謂的「真正北方」；至於較小的一個，則位在較大的羅盤玫瑰當中。海圖會標示出小的羅盤玫瑰——它的北方方位是用百合花徽或箭頭標示出——指向的磁北極區域，細心的水道測量員會依照每年磁偏角的增減，在磁羅盤玫瑰上清楚地標示出來。

至於數世紀以來不斷變化的磁偏角問題，則是數學家、學者和水手們必須費神的另一個問題。

4 偏角與傾角

狄約翰博士的四周瀰漫著硫磺。光從他名字的頭韻來看，就會讓人聯想起和詹姆士・龐德鬥智的那位風度優雅、溫和卻心如蛇蠍的惡棍。然而奇怪的是，福萊明卻沒有從他身上取材（也許從某方面來說，還是有的）❶。

狄約翰生於一五二七年，是伊麗莎白時代的學者、數學家、占星學家、鍊金術士、地理學家、魔術師和間諜。在充滿迷信的時代，狄約翰以占星術為伊麗莎白女王挑選加冕的良辰吉日。伊麗莎白是個能支配許多男性的女人，但是卻有點敬畏幫她推算命盤的人。而

❶ 英國女王伊麗莎白一世正值喜歡給人取綽號的年紀時，曾經將三個男人稱為她的「眼睛」：哈頓爵士被稱為「眼瞼」，他寫信給女王時，會畫兩個三角形、中間各打一個點做為簽名；列斯特伯爵會畫兩個圓圈，裡面各打一個點；狄約翰的簽法則是兩個圓圈，然後再一個七，七上頭那一筆特別長，剛好蓋過兩個圓圈的頂，於是便成了〇〇七。七這個數字對狄約翰來說是個神秘的幸運數字，伊麗莎白稱狄約翰為「我高貴的情報來源」。

狄約翰身為有智慧的顧問，經常受召進宮：針對女王的健康給予意見；當女王肖像出現在林肯旅館廣場上、胸部還被插了針時，狄約翰也建議一些措施來防範可能的災難；而當彗星出現並發出警訊時，狄約翰也負責安撫宮中憂慮的情緒。

身為數學家，他在法國蘭斯學院有一個講座。他的講座非常受歡迎，可說是人滿為患，有許多人被迫要在窗外聽講窺探。身為學者，他建議設立一座國家圖書館，五十年後，牛津的巴德雷圖書館成立；而又過了一百五十年，才有大英博物館圖書館。

狄約翰同時也是魔術師，為劇院創造出令人驚駭的舞台效果。他會求教於他所謂的「魔鏡」，並以不祥的年輕男子為媒介來和水晶球（現收藏於大英博物館）溝通，召喚惡靈或天使。雖然狄約翰並非正直之士，但他還是拒絕成為「地獄之犬的同夥以及惡靈的召喚者」。儘管如此，他的巫師形象還是使得倫敦的暴民衝進他位於摩特湖畔的宅邸，並且摧毀大量財物，其中包括他的朋友麥卡托送給他的地球儀和直徑五呎的四分儀，這個四分儀原來的主人是錢斯勒，他同時也是俄國公司的資深領航員。之後，暴民又轉而將他擁有四千冊藏書的圖書館摧毀泰半。

他們還偷了「一顆價值連城的磁石，以五先令的價錢賣掉，之後又有人將它分成小塊分售，售價竟然超過二十英鎊」。磁石可以反映出狄約翰對於地理發現與航海的興趣，身為俄國公司的航海顧問，他負責教導一群伊麗莎白時代的學者、水手和冒險家，並且跟他們結為好友：羅利爵士、韓福瑞・吉爾伯特爵士、霍金斯爵士、哈克魯特、錢斯勒、戴維斯、史帝芬・伯爾、威廉・伯爾、霍爾、弗羅畢雪。他繪製了環繞北極的海圖，提供給俄國公司的航海家在北方海域使用，另外他也設計了既可分成刻度又可分成一般方位的羅盤盤面。

狄約翰也教導弗羅畢雪與霍爾使用一些新奇的航海設備，之後這兩人於一五七六年出海探索西北航道。弗羅畢雪的肖像看起來就像是小男孩夢想的伊麗莎白時代蓄著鐽子鬍的水手縮影，他的左腰掛著一把看起來相當可怕的劍，右手則緊握著一把看起來更可怕的馬槍，旁邊的桌上放著地球儀。現代人會想像這個約克夏人應該很快就會被逮捕到案，在地方官的面前，指控他的清單將會密密麻麻，其中當然少不了海盜罪這項罪名，但絕不會有人指控他的航海技術不好。

在弗羅畢雪與霍爾使用的各種設備中，其中有一樣「名字叫子午線羅盤，是個由黃銅製成的神奇器具」，可以測量地理北極與磁北極的角度差，此外還有二十餘種「各式羅盤」。子午線羅盤被廣泛使用，一五七六年六月十二日，霍爾把船停在泰晤士河上的葛雷夫桑德堡附近，在此地測量羅盤偏角，發現偏差值達到十一又二分之一度東。

今日，在倫敦北方約二十哩處的哈特費爾德宅第，收藏了在北方航行中所做的磁偏角測量成果。那是威廉・伯爾收藏的一張羊皮海圖，伯爾是當時俄國公司的資深北極領航員兼代理人。愛爾蘭與英格蘭的海岸被塗成藍色，法國是紅色、蘇格蘭、挪威及格陵蘭是綠色。海圖上有一般常見的風向玫瑰和恆向線，也有用來指示羅盤與真實北極之間角度差的小箭頭，這是首張能顯示磁偏角的航海圖。

北極點不斷地移動，讓水手、地理學家、占星師和天文學家困惑不已。有些人責怪用來「觸碰」羅盤指針的磁石品質不好；有些人認為，羅盤指針被磁化了之後所指的北方其實是當初挖出磁石的地方；有些人猜測磁鐵山位於北方，由於磁鐵山有很強的磁性，因此船靠近時會將甲板和木板裡的釘子吸出來；有些人則認為，測量的偏差是航行顛簸引起的；而有些人則嘲弄說，根本沒有北極這個東西。

到了十五世紀中葉，葡萄牙人——遠洋航行的先驅——殖民亞速群島，並且駕著他們的輕快帆船遠達非洲海岸。他們的領航員注意到羅盤指針偏離了真實北極：如他們所說的，偏向東北或西北方。

在此同時，日耳曼工匠製造了袖珍日晷儀——可攜式鐘錶的雛形——能夠修正偏角，這些小巧的手工藝可以嵌入羅盤中。在盒子上刻上偏角的記號，將羅盤指針朝向偏角記號，如此小日晷儀就能位在正確的南北直線上。當然，如果小日晷儀想精確地發揮功能，就必須在磁偏角與盒上標示的磁偏角相同的歐洲地區使用。不過，當時的人顯然較現代人更親近自然韻律，大部分的人藉由影子判讀時間，有些時鐘只有時針而沒有分針。

後來，法蘭德斯的航海羅盤製造者也採用了這種修正羅盤偏角的妙方。

一五五六年夏天，史帝芬・伯爾駕著他那小得可笑、名喚「塞奇斯里夫特」的船沿著俄國海岸航行；身為俄國公司的主領航員，他希望能經由東北航道找到貿易路線。到了新地島南方，塞奇斯里夫特號就被冰洋擋住了，但是幾天之前，他已經先行在佩求拉河河口登岸，並且測量了磁偏角，「從北往西偏離了三又二分之一度」。

二十四年後，他的弟弟威廉・伯爾也從事磁偏角的測量工作，不過這一次並不是到異邦，而是在倫敦的石灰屋區。不久就被任命為海軍主計官的威廉・伯爾使用自製的特殊羅盤，記錄了偏東十一又四分之一度的偏角。

一五八〇年的倫敦，是個充滿臭味、爭吵、活力與嘈雜的城市，將全英國的物產都吸引過來，但同樣也招來了流浪漢、乞丐和無技術的勞工。倫敦也吸收了技術熟練的工匠與技工：擁有靈巧手藝與腦袋的人，隨時能製造出新型的天文與航海工具。而合乎這種條件的人就是諾曼，他有二十年的航海經驗，之後決定自己開店，專門製造海圖與羅盤。他輕鬆地自嘲，稱自己是個「不學無術的技工」，威廉・伯爾測量偏角時使用的羅盤就是諾曼製造的。

諾曼製造羅盤時，會在磁化指針前就先確認指針與羅盤盤面是否完全保持平衡，以及羅盤盤面能否維持水平。但是他發現，指針磁化了之後，羅盤盤面的北端會往下傾斜，並

十六世紀的羅盤盤面。雙虛線部分構成了菱形指針，菱形指針與北方的角度差剛好顯示出偏角的大小。

且維持下傾的狀態。這個現象引起了他的好奇，然而，他在閱讀了所有專家的說法之後仍一無所獲，於是就直接在南端加了一根小鐵絲來保持平衡。有一次，有人想向他購買長指針，他剪了一段並加以打磨，使其保持完全平衡後予以磁化。跟往常一樣，指針又往下傾，這次他將指針的北端剪短一點來恢復平衡，但是剪得太多，白白弄壞了一根羅盤指針，並且浪費了時間與金錢。他很「憤怒」，於是決定進行研究。

經過一番苦思（以及旁人的建議）之後，他造了一根六吋長的指針，黃銅製的軸針從中穿過。裝指針時，他讓軸針保持水平，而讓指針保持直立，指針後面放了一張標示刻度的圖面。他的裝置於是變成了磁子午線，而指針也磁化了。指針下傾後產生的傾角令人相當滿意：不多不少，剛好七十一度五十分。某些批評者認為，磁石是以某種神秘的方式增加了指針尖端的重量。為了反駁他們的說法，諾曼在做實驗之前及之後都為指針秤重，他的記錄顯示重量並沒有改變。

威廉・伯爾是諾曼實驗的熱情追隨者，他說服諾曼將發現公諸於世。一五八一年，諾曼獻給威廉・伯爾的作品《新吸引力》出版，書中談到了偏角和傾角的問題，這本書後來由威廉・伯爾編輯成較小的版本《論偏角》。

諾曼出版他的書時，磁偏角為人所知至少已經有一百五十年，或許還要更早。但是新世界的發現、冰島與紐芬蘭的漁業航行、葡萄牙人的東印度群島航行、麥哲倫與德瑞克的環球航行，還是蒐集了不少有關羅盤指針奇怪移動方式的資料。

葡萄牙人與西班牙人將法國人與英國人當成其殖民海洋上的盜獵者，因此他們將磁偏角的知識當成秘密，拒不透露。但是到了一五四二年，沒有偏角的線（現在被稱為零偏線）已經廣為流傳，在這條由北向南穿過大西洋的線上，磁針總是指著真正的北極。兩年後，西班牙的領航長卡伯特出版了他著名的平面球形圖，圖中畫出了從亞速群島附近穿過的零偏線。

一般認為零偏線是真正的子午線，而在子午線上利用羅盤偏角可以算出船隻所在的經度。法國人、西班牙人與葡萄牙人認為偏離零偏線的角度變化是漸進的，而且是相等的，但是這種想法只是一種信仰，沒有太多證據可以支持；雖然如此，測量船隻所在的羅盤偏角以及船隻與零偏線的距離其實就可以證明這一點。有位法國領航員算出，羅盤指針每隔二十二又二分之一里格就會偏離一度，這對於信仰者來說彷彿得到了航海者的聖杯：他們可以藉此找到船隻在海上的經度位置。

諾曼與威廉·伯爾兩人都不理會這種方法，他們寫道，偏角的不規則令人沮喪，特別是在北方的高緯度地區。羅盤製造者仿造日耳曼的可攜式日晷儀，用這種儀器修正偏角，然而這種修正方式實際上於事無補。這些羅盤製造者藉由彌補指針（被羅盤盤面隱藏起來）與指北的百合花徽之間的角度差，修正偏角的角度，但是彌補的方式也隨著羅盤製造地不同而有所差異。諾曼曾為那些輕率的航海者列出市面上可取得的各種羅盤類型：利凡得羅盤製造於西西里、熱那亞或威尼斯，沒有彌補指針角度差的功能；其他的羅盤製造地可以遠至但澤、法蘭德斯、英格蘭、塞維爾、里斯本、羅榭爾、波爾多及盧昂，這些羅盤的指針由北往東彌補的範圍，約在一個羅盤方位（十一又四分之一度）到半個羅盤方位之間。這種羅盤通行已超過一個世紀的時間，海圖的繪製也搭配這種羅盤。諾曼提醒他的讀者，使用羅盤時要注意使用地點的不同；換句話說，利凡得羅盤應該要與地中海地區繪製的海圖搭配使用。如果英國的羅盤搭配地中海的海圖，或利凡得的羅盤搭配英國的海圖，就成了威廉·伯爾所謂的「令人錯亂的雜亂混合物」；而諾曼的說法更是直接，他說這會讓水手陷入「極大的危險」。

諾曼為了讓腦袋混亂的水手能夠清楚瞭解磁偏角的意義，便畫了一張簡單的圖來說明這個問題，他的觀念到今天仍用在海圖上。

諾曼與威廉・伯爾是經驗老到的水手，但是接下來要談的這位完全是個新手，他甚至很開心地承認自己很討厭海洋，然而這個人卻很快就對羅盤做出重大的改良與建議。巴洛終其一生都是一位傑出的教士，私底下卻渴望有一個截然不同的人生。巴洛原是個落魄水手，同時也是個著迷於海洋和航行安全的人。一五九七年，他出版了《航海者的必備用品》，裡面記載了他對航海設備所做的改良。之後，他又在一六一六年出版了《磁石啟事》，談的是磁石與羅盤指針。

身為一名優良教士，巴洛在這兩本書中將當時那些製造不精確羅盤的粗率工匠逐出教會：盤面分割得不平均；用蠟滴平衡那些不平衡的盤面；盤面彎翹，盤面的邊緣下傾；用生鏽的鐵線製作羅盤指針；指針呈不平均的長橢圓形；玻璃外殼龜裂。這些羅列出來的罪狀足以讓讀者懷疑，即便是最短的航程，水手的生命恐怕也將不保。

巴洛知道，這些偷工減料的器材遲早會要了水手的命，所以他開始著手改善這種狀況。他設計了航海設備、北極海圖及羅盤；解釋了鐵針與鋼針的不同；改良了指針的形狀；製造了一種能輕鬆移除的盤面，這樣一來，指針就能輕鬆地再磁化；提供最好的方式將指針再磁化，用磁石的北端摩擦指針的北端，用磁石的南端摩擦指針的南端，摩擦的方向是從指針中央往兩端移動，次數約三到四次就可以了。他也設計了一種方位羅盤，可以用來測量磁偏角，而這種裝置剛好也彌補了諾曼與威廉・伯爾設計的裝置的缺點：羅盤上有瞄準孔，羅盤外圍則環繞著一圈刻有刻度的環。這種羅盤在當時可說是創舉，而水手們也心懷感激地使用這種羅盤超過兩百年以上的時間。

然而，身為神職人員的巴洛（他是主教之子，四個姊妹也都嫁給了主教），在他為裝置（他稱之為「旅人的寶石」）所做的說明文字下引了《詩篇》第一百零七章的話語：「在海上坐船，在大水中經理事務的，他們看見耶和華的作為，並他在深水中的奇事。」

一五七三年，三十三歲的威廉・吉爾伯特博士——皇家醫師學會的一員——定居於倫敦。吉爾伯特生於寇徹斯特，在劍橋受教育，並且在歐洲沾染了世俗的風雅態度；他是個有錢的單身漢，卻也有著探索的心靈。他的財產中有一部分（價值五千英鎊）拿來購買書籍、手稿、地球儀、海圖、磁石與設備，這些東西都是用來做實驗，以及用來整理一篇有關地磁的論文：諾曼的《新吸引力》讓他走上這段不尋常的旅程。

一六〇〇年，吉爾伯特出版了他的巨著《論磁》，以拉丁文——科學的語言——寫成，這本書得到伽利略的讚美（「我認為他所做的各種嶄新與真實觀察，足以使他獲得最高的讚譽而當之無愧」），五十年後德萊頓也如此認為（「吉爾伯特應該要繼續活著，直到

製造人工磁石。吉爾伯特《論磁》當中的木刻畫，圖中顯示一名鐵匠面向北方敲擊一根呈南北向的火紅鐵棒，以此製造人工磁石或羅盤指針。

磁石停止吸引／直到英國艦隊無懼於無垠的大洋為止」）。就吉爾伯特來說，他為英語增添了這些字彙：電、電力、電的吸引力，以及磁極。

吉爾伯特以相當驚人的語氣宣稱，地球本身就是個巨大的磁鐵。他在進行了數百次實驗之後得出這樣的假說，其中一個實驗是將鐵棒放在磁子午線上，呈南北向，然後敲擊鐵棒來製造人工磁鐵。另外一個實驗則是吩咐寶石匠從大塊磁石中離出一顆小尺度地球模型，加上兩極，並且標出子午線與緯度。吉爾伯特稱此模型為磁球體，不過，比較不那麼學究的人喜歡用另外一個較具有家族氣味的名字：「小地球」。吉爾伯特在這些小地球上移動小羅盤及下傾的指針，藉此測量偏角與傾角。

吉爾伯特利用這些磁石小地球在伊麗莎白一世及其廷臣面前展示磁的力量，而他的小地球很快就成為十七世紀的風尚。瓊森在他的喜劇《磁夫人》中安排了一位女英雄磁石夫人，以及其他的角色如指針、羅盤與鐵騎兵。磁球體也成了貴婦們的流行用品，艾弗林在日記中寫著：「美麗的磁球體畫滿了圈圈，顯示所有的磁偏角。」佩皮斯在一六六三年十一月二日當天的日記中寫著：「今天，我收到巴洛先生的信，隨信還附上一顆磁球體，我一直希望他能寄磁球體給我。然而麻煩的是，我發現這是他要送給桑維治爵士的禮物；但我還是要先用用這件東西，然後再交給爵爺。」

吉爾伯特努力接續諾曼的腳步，並與巴洛合作，最後設計並建造出一種改良式航海傾角指針。他宣稱，有了這種工具，領航員只要使用一塊黃銅製成的圓盤，上面刻有磁傾角的資訊（從大型磁球體的實驗中計算出來的），則即使是在下雪、濃霧、薄霧或雨中，也能找出自己所在的緯度。

不過，透過磁傾角與磁偏角來找出經緯度的位置，所憑藉的基礎並不穩固。這個時代的科學假說都是立基於極少量的證據事實，而科學的可悲之處（如後來的赫胥黎所指出）就在於以醜陋的事實來殺害美麗的假說。

醜陋的事實出現在一六三三年。英國數學家格里布蘭德（《英國傳記大辭典》說他是

「一個缺乏天分卻勤勉努力的數學家」）發現倫敦的偏角從一五八〇年威廉・伯爾測量的十一又四分之一度東減少到了四度東，其他的測量也顯示出偏角持續減少。曾被視為靜態的東西，現在卻被證明有著驚人且易受驚動的性質。格里布蘭德出版了他的發現，並且認為偏角是不斷變動的：週期性的變化❷。

然而，格里布蘭德的發現還未能殺害以偏角找出經度的美麗構想；相反地，航海教師邦德卻認為這反而是個正面的幫助。在研究了偏角減少的現象之後，他預言倫敦的偏角到了一六五七年會歸零，然後會緩慢地往西增加。他因預測正確而聲名大噪，並且接著草擬磁力推算表，這張表搭配測量偏角與下傾指針的羅盤，可以讓航海者找出自己所在的經度。所有的操作方法都收錄在邦德於一六七六年出版的《被找到的經度》——兩年後，布雷克貝洛也出版了一本貶抑邦德的書，書名叫《找不到的經度》。

以羅盤和下傾指針找出海上位置的觀念還是持續存在。一七二一年，惠斯頓出版了《藉由傾斜或下傾的指針發現的經度與緯度》。惠斯頓略帶瘋狂，夏維爾的艦隊遇難後，他跟另一個充滿空想的男人提出了一個瘋狂的構想：將已經下錨的船貫串起來，越過整個大

---

❷ 對這個主題有興趣的人會發現，週期性變化有小型的季節波動，稱為年變化。如果還要分得更複雜，還有日變化，偏角在早上八點左右是最偏東的時候，在下午一點是最偏西的時候。冬天的日變化比夏天小。而各地吸引力——或者說各地磁力——的不同，可以拿來解釋被大塊鐵石影響的異常偏角。

西洋。這些船可以向空中發射火箭，並且設定在某個時間到達某個高度時爆炸。任何一個想確定自己位置的水手，會先查明羅盤方位，然後記下爆炸的閃光與聲音間隔的時間，如此便能得知他跟船隻之間的距離與方位。惠斯頓的愚蠢構想正反映出他是什麼樣的人：他很博學，而且當時的人都誇讚他的誠實與單純，然而他的天真卻讓他的智力產生瑕疵（根據《英國傳記大辭典》的說法：「智力失衡」）。

惠斯頓具有一種令人動容的天真，而哈雷則是完全不同的典型。哈雷比惠斯頓年長十歲，畢生都在研究地球磁場對羅盤的影響，同時也有數千哩的航行經驗。

5 博學的哈雷

一六九一年秋天，三十五歲的哈雷走在英吉利海峽的海床上。為了保持體溫，他穿了兩層羊毛內衣、一件塗上油脂密不透水的皮衣，並且繫上綁了鉛塊的腰帶，頭上罩了一頂大頭盔，旁邊還拖著兩條可任意彎曲的管子（用動物腸子皮和鐵線製成），管子則連通到附近的潛水鐘裡。

哈雷在六十呎深的陰森海水中仔細觀看，尋找著皇家非洲公司沈船的象牙與黃金，潛水裝與潛水鐘都是他的發明。為什麼哈雷這個天文學家要冒險下水，在蘇塞克斯海邊與海底的海流搏鬥，這實在是一件耐人尋味的事。但是哈雷終其一生註定要戴上許多頂帽子，從事各式各樣的活動；在一個博學的時代裡，哈雷是眾多博學者中的翹楚。

身形纖細的哈雷有張風趣的嘴和一雙愛捉弄人的眼睛，他對海洋並不陌生。一六八九年，他調查了通往泰晤士河河口的引道，並且將他的海圖呈現給皇家學會，同時宣稱他已經將過去海圖上的許多錯誤都更正過來了。

哈雷興趣之廣泛可以從他潛水到船難地點那年與皇家學會的通信看出，他提出的論文包括：金星與水星穿過太陽表面，據此可測定太陽與地球的距離；蒸發的物理機制；測量鍍金鐵線上的金箔厚度；老普林尼所寫的有關自然歷史的書籍；歷史考證作品，運用天文學與潮汐找出凱撒當時登陸英國海岸的地點與時間；鳥類飛行時翅膀的揮翅速度；測量風力與水力；光的折射作用；子彈對空射擊和噴泉上噴時的最高高度；以及一篇有關他潛水的報告，他跟三個人一起在十噚深的海底工作了近兩小時。

哈雷生於一六五六年的倫敦，經歷了瘟疫、火災與戰爭的末日時代，幸運地存活下來。一六六五年的瘟疫奪走了七萬條倫敦人的性命，倖存者只會留下有人喊著「把屍體丟出來」、以及裝滿屍體的馬車要將可怕的貨物載往大眾墓園等不堪的記憶。隨後於一六六六年又發生了倫敦大火，足足延燒了四天，從倫敦塔到法學院之間的倫敦市區全部化成灰燼，二十五萬人無家可歸：這起事件讓巴黎和阿姆斯特丹樂不可支。歷史上充滿了太多慘烈的誤判，當時的倫敦市長也一樣，當他在睡夢中被人叫起去視察火場時，他居然拖著沈重的步伐回到床上抱怨說：「呸！一個女人都可以用尿澆熄它。」一年後，當富有的商人們得知荷蘭艦隊燒掉並擊沈了停靠在查特漢姆的英國戰艦時，而且最難堪的是，荷蘭人還擄獲了皇家查爾斯號當成戰利品，便開始收拾細軟並且跟家人一起逃亡。

哈雷十六歲時就已經表現出在航海與科學上的早熟，他在倫敦和其他港口測量磁偏角並且製表。一年後，他進了牛津大學成了女王學院的普通生，同時期的伍德曾經這麼描述過哈雷：「他不僅在古典學問上表現傑出，特別應該注意的是他在數學上的卓越貢獻。他似乎已經完全熟習平面與球體三角學的技術，同時也非常熟悉航海學，並且在離開牛津之前就會在天文學上有很大的成果。」天文學、數學與航海學，它們成了哈雷往後人生最沈迷的三個學科。

這是個以天文學來協助航海並找出海上經度的時代，人們希望天空能夠提供一個超越錶匠製造能力的精確時鐘，這個非機械時鐘的指針就是在群星刻度上移動的月亮：用月距法找出經度。不過，月球在恆星間移動的方向反覆無常，測量起來非常累人，連牛頓都說，他只要一想到這種方法就頭痛。測量、計算並且預測月亮的運行是一件耗費時間的工作（月亮的沙羅週期有十八年，人們必須在這個前提下進行測量），而且當中也充滿了陷阱，但是最後的成果卻能讓航海者找到自身所在的經度。

格林威治皇家天文台（以及之後的格林威治子午線）的設立，可以追溯到史上最放蕩的國王查理二世的法國情婦身上。露易絲是天主教徒、法國人，而且貪得無厭，查理二世的臣民沒有一個不討厭她。在她嬰兒般的臉龐以及遇到挫折即能流出大量淚水的眼睛後面，隱藏著一顆充滿算計且拜金的心❶。

她告訴查理，有個法國人已經抵達英國，他知道如何運用月亮找出經度。於是這個人就被引見到查理面前，查理很有興趣地聆聽他的說法，並且成立皇家委員會來研究這個法

❶「胖小孩」是查理為情婦所取的暱稱，但是失寵的葛薇恩卻總是稱自己的對手是「哭泣的柳樹」。

國人的主張。他們之後又要求一名年輕的天文學家——即受人尊敬的弗蘭斯帝德——來提供建言，他的報告讓法國人身敗名裂。月亮的運行反覆無常，如果要讓找出經線的方法具可行性，必須還要多加研究。這個法國人最後丟了工作，而為了止住愛人的淚水，查理簽署了皇家授權書來興建天文台：「另一方面，為了找出各地的經度，讓航海學與天文學更加完善，他們決定在格林威治的公園裡建造一座小型天文台……旁邊設有起居室供天文觀察員與助手居住。」幾天後，倫恩爵士，被選定的建築師；胡克，發明家與物理學家；弗蘭斯帝德；以及年輕的大學生哈雷，四個人走到這座翠綠的山丘視察天文台坐落的地點。基石於一六七五年安放，一年後，弗蘭斯帝德開始在皇家天文台的大房間裡工作。

弗蘭斯帝德一直擔任天文台台長的職位，他努力工作，牆上掛著圓弧，另外還有望遠鏡、六分儀和擺鐘（這些設備全是他自己出資添購的，皇家的恩澤並沒有惠及器材或助手的薪水）。他凝視天空並記錄下自己的發現，直到一七一九年去世為止。

在牛津，哈雷忙著研究地磁、數學及天文學，也發表了關於行星軌道、太陽黑子和月球遮蔽火星的論文，這對像他這麼年輕的人來說算是非凡的成就。然後，在僅剩一年就能獲得學位的時候，他離開牛津，出發航行到南大西洋的聖赫勒拿島。這是由東印度公司經營的遙遠島嶼，哈雷之所以選擇它，是因為這是英國最南的領土，他可以在此觀察南方的恆星，並且將其列入星表，這樣就可以跟弗蘭斯帝德和其他歐洲天文學家製作的北半球恆星星表拼湊在一起。

這是一件艱鉅的任務，但是被校友們克服，也就是現在所謂的人脈關係，這個網絡的正中心是國王查理二世。一六七六年九月初，國務大臣（也是哈雷所屬學院的前任院長）收到一封備忘請願書：

艾德蒙・哈雷，牛津大學女王學院學生，這幾年來一直是個勤勉的恆星觀察者，他認為除了在英國持續觀察之外，還必須在回歸線之間另覓一處來觀察天體，太陽、月球及行星在這裡會在接近天頂的位置通過，而且不會有折射現象，它們的運行將會較容易辨識，航行也將因此獲得改善。聖赫勒拿島是個相當適當的地點，可以將南半球的恆星也包含進來，如此，星象儀就能完整無缺。他不揣淺陋，懇求陛下能寫封推薦信給東印度公司，讓他們能載哈雷和他的朋友去聖赫勒拿島，並且讓哈雷一行人能得到適當的接待與援助。

一個月後，國王指示東印度公司讓哈雷和他的朋友首度搭船前往聖赫勒拿島。不到兩週，哈雷與克拉克搭上了統一號，並且攜帶了一個傾角羅盤；一個磁羅盤；一個擺鐘；一個黃銅製大型六分儀，半徑五呎並裝有望遠瞄準鏡；半徑二呎的四分儀；各式望遠鏡，其中有一個長達二十四呎；以及水手的高度測量竿，這種測量竿是伊麗莎白時代的航海家戴維斯設計的，哈雷予以改良並加上了透鏡。哈雷的光輝事業從此開始。

聖赫勒拿島的狀況令人沮喪，多雲的天氣使得觀察無法順利進行，哈雷於一年後返回英國。雖然如此，在島上一年的時間和兩次航行，他觀察了貿易風（他在一六八六年繪製大西洋風系航海圖時，就將貿易風畫了進去），也發現到他位於聖赫勒拿島山丘上的天文台的氣壓計指數降低（在另外一篇科學論文中提到這個現象）；另外，他擺鐘的鐘擺也變短了（牛頓以此為地心引力在低緯度地區較小的證據，並以此為根據指出，地球並非是個球體，它在赤道附近是微凸的），而他也在海上觀察磁傾角——他發現到，在北緯十五度時，下傾的針呈水平，磁傾角是零度——與磁偏角。

哈雷的南半球恆星星表（第一個以望遠瞄準鏡和接目鏡測微計觀察得到的星表）於一六七八年年底出版，他將恆星星圖的複本獻給查理二世，並以一種外交辭令上的狡黠，在圖上將某些恆星重組成一個新的星座。他將這個星座命名為「查理的橡樹」，是指在內戰時烏斯特戰役後查理賴以藏匿的橡樹❷。國王則要求牛津大學授予哈雷學位以為回報，不用說，這個要求當然被准許了。同年，二十二歲的哈雷成為皇家學會的一員。

相較於其他天文學家，哈雷的《南半球恆星星表》，以及他親自前往聖赫勒拿島並且在那裡建造自己的天文台，這種旺盛的精力使他顯得格外卓越且突出，也顯示出他是個重

---

❷ 橡沒食子日，或皇家橡樹日，是在五月二十九日，人們在當天會拿著橡樹嫩枝，枝上則是鍍金的橡沒食子。當天剛好是查理的生日，也是他進入倫敦復辟的時候。

視實踐的人。除了優秀的學術成就之外，他的魅力和自我解嘲的幽默感也贏得許多人的支持，並解除了許多批評者的心防。如《大英名人傳》所說的，他有「一種愉快和幽默的氣質」。他於蘇塞克斯岸邊潛水尋找黃金與象牙的七年後，以海軍上校的身分率領一艘皇家海軍船艦出海，繪製羅盤的偏角，並且航行於南極的冰山之間；到這個時候，哈雷幾乎已經取得他所需的各種身分。

6 環繞世界

一六九四年四月，一艘全長只有六十四呎的小船在春天的大潮日從泰晤士河畔的狄普福皇家造船廠下水。它後來加入了皇家海軍，命名為尖尾帆船帕拉摩爾號。

在那個時代，船隻的設計重點是在船身，而不是船上的裝備。帕拉摩爾號的船尾非常高而窄，吃水淺，水線以上部分極度內傾，水手們一眼就可以認出這是一艘尖尾帆船。船頭如蘋果臉一般，船底兩側則隆起，尖尾帆船看起來既熟悉又舒適，就像豐滿的荷蘭妻子一樣。由於船隻的名稱與形狀都來自荷蘭，因此這樣的感覺可以說再適當也不過，而尖尾帆船也被皇家海軍用來擔任供應貨物與補給品的任務，就像家中打理一切的妻子一樣。但是，帕拉摩爾號的建造目的並不是補給艦隊，而是從事環繞世界的科學探索之旅。

帕拉摩爾號及其航行計畫早在出發前一年就已經開始構思。這項航行計畫是哈雷和米都頓提出的，在長約三百字的文件中，他們希望皇家學會能夠運用影響力為他們爭取一艘小船，讓他們能「由東向西橫越廣大無垠的南海，環繞地球一周」。目標：測量磁偏角，確認各個港口與海岬的經度，並且在海上嘗試使用一些天文學家提出的方法來測量經度。

不過，計畫中提出的方法其實在海上完全不實用，因為這些方法都是沒有航海經驗的天文學家想出來的，他們不知道在搖晃的甲板上測量天文有多麼困難。

這項任務與哈雷期望的很接近。在計畫提出前一年，他就已經出版了一篇談地磁的論文，文中對於羅盤偏角以及格里布蘭德發現的週期性變化提出了詳細的理論說明。當時的人認為，這篇論文是哈雷最重要的一篇文章。

提出計畫之後，事情的進展異常快速——在白紙黑字的歷史記載背後，其實充斥著一連串的對談與會議，當中自然少不了美食佳餚，如牛背脊肉、鹿肉派、牡蠣、醋栗餡餅、麥酒、潘趣酒（如果是跟惠格黨人討論）、袋酒或紅葡萄酒（如果是跟托利黨人討論），以及白蘭地（如果是跟政治態度處於兩黨中間的人討論），會議中瀰漫著從長陶土菸斗嘴中冉冉上升的煙霧。

皇家學會批准了這項計畫，財政部也微笑表示同意，並且公開表示這項任務將為航海與貿易帶來許多利益。女王瑪麗二世也充滿興趣，海軍部下令給海軍後勤部，海軍後勤部下令給狄普福造船廠廠長哈定，於是便誕生了帕拉摩爾號。

帕拉摩爾號舉行下水典禮之後，不知何故閒置了兩年沒有啟用，也沒有測試。由於當時法王路易十四正積極在歐洲、北美洲及世界各大洋進行擴張，因此並不是將這艘小船派出去進行科學航行的好時機。

一六九六年一月，海軍後勤部派人來進行檢查，帕拉摩爾號的冬眠期終於可以結束。

五個月後，海軍部任命哈雷擔任帕拉摩爾號的船長及指揮官，並且派給他一名掌帆手、一名砲手和一名木匠。但是這並非真正的開始，哈雷隨即又被派往切斯特的鑄幣廠監督銀幣的徵收工作——騙子或歹徒會將錢幣的邊緣磨平，如此一來錢幣就無法流通——並且組織生產銀幣的軋邊工作，於是帕拉摩爾號又回到狄普福潮濕的碼頭邊。

哈雷於一六九八年返回倫敦，剛好俄國沙皇彼得一世和他的一群酒友侍從——大使節團——也在這個時候抵達倫敦；他們遊歷西歐，學習工業技術並且招募人才協助俄國進行現代化。大使節團在歐洲走到哪兒，喧鬧與嗜酒的惡習就席捲到哪兒，實在受夠這些俄國佬的漢諾威女選侯希望彼得跟他的侍從們能知道一點禮節，不要像鄉巴佬一樣。

彼得為了便於行事，化名為米可洛夫來到英國的狄普福造船廠學習造船，夜裡就到大倫敦塔街的酒店裡飲酒狂歡。這些俄國人住在附近的塞耶斯巷，他們的粗鄙行徑在這裡充分展現。塞耶斯巷剛好是日記作家艾弗林的住處，他將房子租給海軍上將班柏，班柏又把房子轉租給彼得。俄國人停留在塞耶斯巷的三個月期間，這幢可愛的房子和花園被弄成廢墟：繪畫被當成標靶；地板被撬開而家具也被打個粉碎，為的只是拿來生火（那年冬天非常冷，連泰晤士河都結冰）；窗戶全被打破；床單與窗簾被撕掉；而艾弗林細心培養的滾木球草地球場也留下了滿地車輪的軌跡，籬笆也毀了。艾弗林的管理人有充分的理由向他報告，這幢房子住了一群「髒得可以」的人。

沙皇這個人看起來就像一頭嚇人的熊（他身高超過六呎，有著長而有力的臂膀。當他遇到壓力時，臉上會出現一陣令人望而生畏的痙攣，眼珠子會在眼窩裡滾動，直到只剩眼白為止），他聽說了哈雷這個人及其提出的帕拉摩爾號航行計畫。哈雷受邀到塞耶斯巷吃晚飯，並且接受沙皇的詢問，他的談話、廣博知識以及豐富的實務經驗讓沙皇覺得這個英國人是個不錯的夥伴。彼得對帕拉摩爾號產生興趣，便請求海軍部裝備帕拉摩爾號，讓它能出海航行。海軍部同意了，因此帕拉摩爾的首航竟是沙皇促成的。這群俄國人於四月返回俄國，也讓負責款待他們的東道主鬆了一口氣，但是這趟不尋常的訪問卻在狄普福留下了記憶：沙皇街。

尖尾帆船的航行狀況並不好，它搖晃得很厲害（用現代航海的用語來說是「脆弱」，用菜鳥水手的話說是「容易翻船」），因此海軍後勤部接到指示要改善船隻的帆承載力。八月，海軍部命令尖尾帆船開始裝載一年分的補給品，而哈雷又再度接到任命，擔任帕拉摩爾號船長及指揮官。哈雷一開始就要求要有兩個方位羅盤（用來觀察磁偏角）和捕撈設備，另一方面，海軍部與海軍後勤部針對這艘科學研究船上要裝多少砲以及裝什麼砲也做了密集商議——他們過去從未處理過這類問題，因此產生一些官僚問題。最後，他們決定在船上裝設六門三磅砲，以及兩門小型迴旋砲。

十月十五日，哈雷接到命令與指令，當中卻沒有提到環繞世界的事，航行完全局限於大西洋地區，任務則在觀察磁偏角，以及對港口和島嶼做精確定位。哈雷也接到指示要盡可能往南航行，並且搜尋「位於麥哲倫海峽與好望角之間的未知大陸的海岸」。

接到海軍部指令後七個禮拜，哈雷與帕拉摩爾號的甲板值班員在刺痛他們耳朵的寒冷東北風吹拂下，目送得文郡海岸從船尾消失，他們足足等待了遲延而挫折的七個禮拜。當尖尾帆船逆風航行時，完全顯示出它是一艘航行狀況很差的船，而且船體就跟篩子一樣會滲水進來。他們不斷地用幫浦抽水，但是艙底的壓艙沙卻把幫浦塞住了。這種情形使得哈雷不得不將船開進波茲茅斯，他們在此地重新填補船身的縫隙，並且將壓艙的沙袋改成小石頭。行程耽擱讓船員的內心更感不安。尖尾帆船的武裝薄弱，容易淪為北非海岸的摩爾海盜的獵物，船員們擔心會被抓走當成奴隸賣掉，便懇求哈雷能找護航的船隻護送他們通過危險地帶。剛好這時有一支分遣艦隊停泊在波茲茅斯，他們正等待順風時沿著英吉利海峽往西經由馬得拉群島航向西印度群島。海軍部於是命令海軍上將班柏提供保護，帕拉摩爾號的船員們這才吃了定心丸；當他們航行到大西洋時，他們的護航船艦總共有四艘，配備有兩百門砲。

到了十二月二十一日，尖尾帆船只剩下自己一艘船獨自航行（在馬得拉群島搬了葡萄酒上船），並朝著維德角群島駛去。他們在聖地牙哥島的普拉亞下錨時，遭受到不友善甚至是充滿敵意的驚嚇：兩艘英國商船對他們開砲。帕拉摩爾號的運氣不錯，因為英國船的大砲很爛，要不是射程太短就是打不準。帕拉摩爾號停了下來，哈雷派一艘小船去問他們為什麼對著「英國旗」開火。他們的回答是，他們誤以為帕拉摩爾號是一艘海盜船。

帕拉摩爾號的首航充滿著詭異的插曲。被砲轟後六個月，順著順時鐘方向的洋流，尖尾帆船越過了大西洋到了巴西、西印度群島，然後回到了英國，並且在唐斯靠岸，海軍上將夏維爾爵士指揮的分遣艦隊也停靠在那裡。

在搭乘驛馬車從迪爾前往倫敦之後，哈雷向海軍部解釋他為什麼提前返航。他向海軍部的官員報告，航程縮短有兩個原因：首先是出發的時間已是深秋，無法讓他們深入南大西洋；其次是除了哈雷之外，船上的另一名軍官哈瑞森上尉的行為已幾近抗命。這名軍官的敵意以及在船員間掀起的麻煩，使得這趟航行「非常令人不悅，也增添了許多困難」，哈雷後來甚至不得不將哈瑞森拘禁在船艙內。不過，從好的方面來看，至少他們已經開始測量磁偏角。

哈雷指控哈瑞森和一些士官在「言語上虐待與不敬」，海軍部對此無法忽視，於是組成了軍事法庭，由夏維爾主持。然而，讓哈雷懊惱的是，法院並不認為有軍官違背哈雷的命令，「雖然當中的確有人發出不滿的聲音，但考量到在那樣的情況下，而且又是那麼小的船，這樣的反應應可理解」。不過，這些人還是受到嚴厲的譴責，而且訴訟過程中，哈瑞森對哈雷的敵意也被揭露出來。

在被委派到帕拉摩爾號之前四年，哈瑞森曾寫了一篇有關在海上測量經度的方法的論文投稿到皇家學會。哈雷讀了這篇論文之後，在審查會中表示這篇文章了無新意，因此不予採用，這個結果讓哈瑞森的內心感到痛苦。兩年後，一六九六年，哈瑞森將論文擴充成《經度的觀念》一書出版，複本分別呈送到海軍部、海軍後勤部及皇家學會，但是得到的評價跟先前的論文一樣。這本書充分顯示出作者失衡的人格，他出言辱罵數學家以及那些「負責改善航海學與天文學的英國人（付他們薪水就是為了這個），人們對他們的期待如此之高，他們卻沒有絲毫成果」。他曾在商船上工作七年，後來又在皇家海軍服役六年，自認為「航海技術較任何一名數學家都更能夠勝任」。他承認自己的數學知識不足，而他自認為自己的航海能力憑藉的完全是「天賦」。

諷刺的是，對照軍事法庭對他的指控，他在書中的獻辭中說：「海軍有這麼一句話：不知道如何服從領導的人，就沒有資格領導他人……臣民的職責就在於對君王永保忠誠，因此，僕人的職責就在於對主人忠實、卑下與順從。」

更諷刺的是，哈雷之以要求指派一名軍官到帕拉摩爾號（他不太信任士官的能力），就是要維持紀律。海軍部給他哈瑞森，這個人數年來已經累積了不少恨意，他認為他的論文和書之所以評價不好，都是哈雷從中作梗，而他現在竟發現自己必須接受自己討厭的（而且對他未加懷疑的）數學家與天文學家指揮。

航行提前結束，哈雷認為法院的判決太輕，寫信向海軍大臣布切特表達他的意見。但是從法律上來說，指控既然針對的是蠻橫無理而非違反上級命令，法院就不能做什麼處理，只能予以譴責。

哈瑞森辭去軍職，轉而加入商船隊。哈雷返回倫敦後，出席皇家學會的定期會議，並發表他在航行中記錄的行星，以及依照觀察磁偏角所得的資料而繪製的海圖。倫敦一些好嚼舌根的人在咖啡館中流傳一種說法，帕拉摩爾號的船員原本想做海盜生意，因此哈雷能活著回來實在是運氣。

海軍部仍然對哈雷有信心，也認為他有決心繼續完成磁偏角的觀察任務，於是再度下令讓尖尾帆船開始準備第二次大西洋航行，由哈雷擔任指揮官。這一回就只有他一名軍官，但海軍後勤部的腦袋不知長在哪裡，居然派給他一名獨臂掌帆手，取代先前抗命的掌帆手。哈雷說：「在這麼艱困的任務中，掌帆手只有一隻胳臂能做什麼呢？」但是他知道海軍部頑固不化，因此又要了一到兩名幫手來協助獨臂掌帆手。

哈雷的第二次大西洋繪製磁偏角之旅就此展開。

7 哈雷線

一六九九年秋天，帕拉摩爾號再度沿著英吉利海峽向西航行。十個月前，它在班柏上將的艦隊護送下出發，這一次護送它的則是皇家非洲公司的鷹隼號，上面有三十門砲，可以對抗專事搶掠的摩爾海盜。

幾天後，他們駛出海峽口，來到距離西班牙海岸約二百哩的地方，哈雷在航海日誌上記下的東西充分顯示出那個時代航海特有的風險。就跟陸路的旅人會受到土匪、強盜、步行的攔路賊與騎馬的攔路賊威脅一樣，海上的旅行者總是以疑懼的眼神看著在海平面浮現的每根上桅帆：敵艦、武裝民船、海賊、海盜？有一支丹麥商船隊在返航途中警告帕拉摩爾號與鷹隼號，他們前面的航線有摩爾海盜出沒，於是帕拉摩爾號搖身一變，成了一艘英國單桅戰艦。第二天早上，他們看到另一艘船，要求它停下並予以盤查一番，結果證實是一艘從費洛出發的荷蘭船（掛的卻是法國旗），上面裝滿了無花果。哈雷嫉妒地說，相較於樸素的帕拉摩爾號，這艘船「就迅速多了，可以像風一樣航行」。

就在接連在海平面上看到身分不明且啟人疑竇的上桅帆後一個禮拜，帕拉摩爾號便與鷹隼號分道揚鑣，鷹隼號前往非洲海岸，帕拉摩爾號則前往馬得拉群島運酒。然而，迎面而來的風勢擋住了帕拉摩爾號的進路，哈雷則毫無隱瞞地在日誌中寫著，他的船員寧可不去載酒，也不要在這個可能會被可怕的摩爾人襲擊的地區對抗逆風。

就在當天，在猛烈的風浪之下，哈雷的僕人（「威特，我可憐的男僕」）跌出船外，不幸溺斃。這場意外的悲劇深深影響了哈雷，每當提到這場悲劇以及在惡劣的海面上搶救無效時，哈雷眼中便噙滿了淚水。

帕拉摩爾號在維德角群島補充飲水並購買補給品之後，便往南航行越過赤道。在啟航之前，哈雷寫信給海軍部（交由返航的英國船隻帶回），說明他的進展，以及「船上全體人員都表現良好，我的下屬這一次都很努力執行我的命令，與上回的游移不定大不相同」。他在信的末尾說，希望能在新年時打破他南航的極限。

然而，到了一七〇〇年的一月一日，帕拉摩爾號只航抵里約熱內盧南方約幾哩的地方。缺乏良好的下錨之處，加上風力不足，使得穿越南大西洋的旅程顯得緩慢又無趣。他們在里約熱內盧停留兩週，準備出發往南航行，並且搬了好幾桶甜酒上船：沒有馬得拉酒的日子讓他們相當難受。

一個月後，船已經走到里約熱內盧南方一千六百哩處，哈雷發現船艙內的溫度已經接近冰點了。幾天後，他們被一群向前躍浪的企鵝圍繞，而船艙的溫度也降到了冰點以下。之後，帕拉摩爾號的船員看到了此行最驚奇的景象：三座桌狀冰山，哈雷估計有兩百呎高，其中一座綿延達五哩之遠。他們為其中兩座命名，冰山的白色絕壁讓他們想起熟悉的英國海岬，比奇角與北角。哈雷在日誌上為這兩座冰山素描，這是南極大陸冰山的首張畫作——巨大、頂部平坦的冰山從冰棚伸展出來，整個南極大陸外圍盡是這種冰山。

接下來幾天，帕拉摩爾號遭遇到怪異嚇人的危機：濃霧伴隨著強風，使得尖尾帆船必須在冰山與浮冰之間盲目地進行可怕的彎道航行。二月七日，哈雷決定離開這個兇險的地方，「去尋找溫暖的陽光，畢竟我們在這裡兩週也受夠了」。有十天的時間沒有陽光，能見度很差，測量磁偏角也不可能。不過，往北航行非常緩慢，因為他們必須在沒有月光的夜裡面對迎面而來的北風；而對於冰山的恐懼，猶如閃避著陸路的強盜一般，使得他們不得不在夜裡停船。到了二月中，哈雷想前往僻遠的崔斯坦火山島群，估計約有三百六十哩之遙，於是他擬定了航線，要去尋找位於南美與南非之間的火山礁石群。不到一週的時間，帕拉摩爾號的船頭就浮現出崔斯坦島的山峰。哈雷這次的航行非常完美，因為他找出目的地的方式不同於以往；一般的做法是航行到目的地所在的緯度上，然後再沿著緯度航行——稱為緯度探航法——哈雷卻是以對角線穿越緯度，到達他的目的地。

崔斯坦火山島群所在的緯度接近好望角，因此哈雷將航線設定往好望角前進，打算在那裡取得木材與飲水。途中他們遇上了颶風，在颶風面前，這艘小型尖尾帆船宛如樹葉被吹離枝幹般地隨風飄蕩，最後他們被吹向了北方。帕拉摩爾號在波濤洶湧中側面迎風，海水沖刷到甲板上，連哈雷的船艙都水深及膝，船隻眼看就要翻覆了，但是「蒙主垂憐，我們終究還是撐過來了」。哈雷發自肺腑地說。

他們被吹離往好望角的航線，往北移動了很長一段距離，而補給品也全被鹹水泡壞了，於是哈雷決定航向聖赫勒拿島，但是這一次以傳統的緯度探航法尋找島嶼。三月十一日，小島出現在海平面上。幾個小時後，他們於詹姆斯鎮下錨，哈雷隨即踏上這塊熟悉的土地，與老朋友見面，並且為船員們張羅飲水及新鮮食物，他們已歷經了七十天難受甚至可以說是可怕的海上航行。

帕拉摩爾號於月底啟程，準備橫越大西洋到巴西海岸外的特林戴德島。離開前，哈雷留下了一封信給海軍部，交給返航的東印度船隻帶回英國。信裡的最後一句話說，他已經發現測量羅盤偏角的可行理論。

他們在特林戴德島添水（聖赫勒拿島的水不太能喝），哈雷在岸上放了一些山羊、豬隻和母珠雞，用來救助發生船難的水手。帕拉摩爾號在當地插上英國國旗並放養了山羊、豬隻及珠雞後，就航往巴西。

在勒西菲，友善的葡萄牙總督允許他們購買補給品和酒。哈雷耳聞歐洲的和平，也感到欣慰。然而，哈雷平和的心境卻被某個哈德維克先生擾亂，這個人自稱是英國領事。他拒絕相信哈雷的委任狀，並且將這位憤怒的天文學家軟禁在他的屋子裡，然後迅速搜索帕拉摩爾號，因為他懷疑這艘船是海盜船。哈雷後來才從葡萄牙人口中得知，這位哈德維克並不是領事，他其實是皇家非洲公司的代理人，想利用這個機會將帕拉摩爾號搜括一番，中飽私囊。

離開勒西菲後十七天，哈雷對於哈德維克的行為仍相當火大，此時帕拉摩爾號已經抵達了西印度群島的巴貝多，他們發現有一種致命的疾病正在這座島上肆虐。總督的忠告簡單扼要：盡快離開這裡；然而，光是兩天的飲水裝填就足以讓哈雷和他的船員染上惡疾。他們開往聖啟斯，然後又到安圭拉補給飲水與木材，途中他們的身體也慢慢恢復；不過，哈雷認為他們的病能康復，完全要歸功於「醫生的細心照料」。

帕拉摩爾號現在往北航行到百慕達，一路上風平浪靜，船員也都很健康，但船身曬乾的狀況卻很嚴重。熱帶陽光讓甲板收縮，熱帶海水則造成大量雜草與茗荷介蔓生。為了最後一段開回英國的航程，他們重新填塞尖尾帆船的甲板，在烘乾的木頭上上了一層漆，修理船身，並將船底刷洗乾淨。

他們將船隻刷洗乾淨後便從百慕達出發，在灣流的協助下航向紐芬蘭。三週後，他們在濃霧中摸索，測深手也測量了深度，發現離海岸越來越近。帕拉摩爾號在濃霧中慢慢行進，卻驚嚇到一些捕撈鱈魚的英國漁船，這些英國漁船如同雞碰到狐狸般四散逃逸。當他們在蟾蜍灣下錨時，有一艘得文郡的漁船向他們射擊，子彈穿過了帆纜索具。後來漁船的船長解釋說，就在幾天前，有一艘海盜船沿著紐芬蘭海岸劫掠，事情才真相大白。

從蟾蜍灣橫越大西洋要三個禮拜。一七〇〇年九月九日，哈雷將帕拉摩爾號交給狄普福皇家造船廠。

哈雷的兩次航行終於結束了，許多人認為這是人類首次純粹以科學為目的的航行。心情愉快的哈雷隨即與老朋友在拉德蓋特山的御恩酒吧聚會，並準備將他的發現寫成論文交給皇家學會。哈雷在很短的時間內就將大量的磁偏角資料整理成海圖手稿，並且將稿子拿給學會的成員閱讀。根據皇家學會期刊的說法，這張海圖上「記滿了奇怪符號」。

這些記號——哈雷稱為「曲線」，當時的人則稱為「哈雷線」——逐漸受到人們重視。哈雷將所有磁偏角相同的點連成一線，這是個了不起的製圖概念，也成了地理觀察的標準做法。現代地圖便運用這種觀念，以周線表示相同的高度，以等壓線表示天氣圖上相同的氣壓，以等溫線表示相同的溫度，以等深線表示海平面下相同的深度。時至今日，磁偏角的海圖上所畫的線被稱為等偏角線。

一七〇一年六月，這張地圖的印刷版問世，哈雷在上面說明曲線的意義：

畫在這張海圖上的曲線，可以讓人一眼就看出哪些地方的羅盤偏角完全一樣。曲線上的數字顯示出指針往真正北極的東方或西方傾斜的角度，經過百慕達附近及維德角群島的粗線代表指針指向真正的北方，沒有偏角。

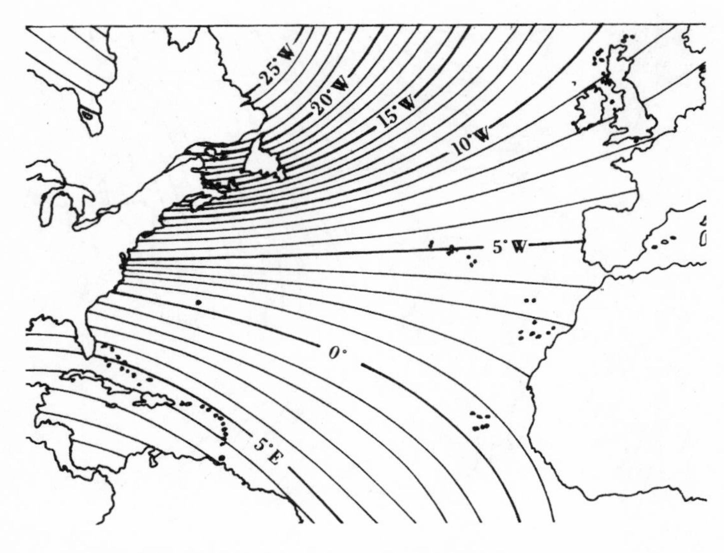

一七〇一年北大西洋的偏角海圖，取材自哈雷的偏角海圖。

在圖上的「敘述」中，哈雷提醒航海者，羅盤偏角會有週期性變化：「這張海圖是一七〇〇年所做的觀察，人們必須記住，偏角隨時隨地都在緩慢變化，因此，每隔一段時間整個系統就必須更動一次。」然後他估計了好望角、英吉利海峽以及非洲與南美洲的大西洋岸的偏角變化。

次年，哈雷出版了羅盤偏角世界海圖，這張海圖註定成為航海者的最愛——庫克船長自己也帶了一張複本——而且在經過不斷再版與修正、乃至於發行外文版本之後，直到十八世紀末，這張海圖仍然被拿來使用。

哈雷與帕拉摩爾號的合作關係仍

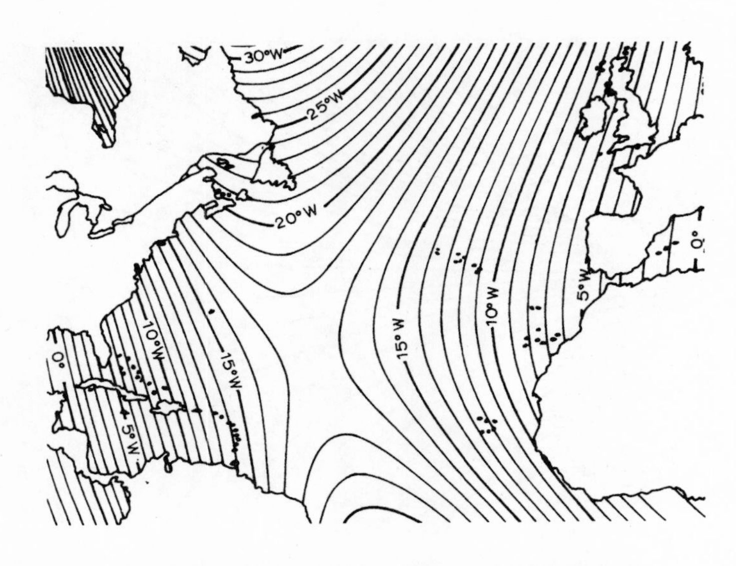

二〇〇一年北大西洋的偏角海圖，顯示從哈雷以來這三百年的偏角變化。

舊持續。一七〇一年，他又再度擔任船長，這次他負責調查英吉利海峽沿岸，尤其是將注意力放在潮汐與羅盤偏角上。製作出來的海圖顯示了以噚為單位的深度，並且用箭頭表示海流的方向。海圖上散見著標示高潮時間的羅馬數字，可以用於月亮盈虧的公式上。上面也顯示了羅盤偏角。哈雷的潮汐海圖再一次在這個領域上取得領先地位，有超過一個世紀的時間，沒有任何其他的潮汐海圖（包括其他海域）出版。

哈雷也出版一本小冊子，裡面談到人們若是忽略了羅盤偏角的最新變化，在進入或離開英吉利海峽時便可能遭遇重大危險。在《進出英吉利海峽須知》中，他提醒船長兩個會導致

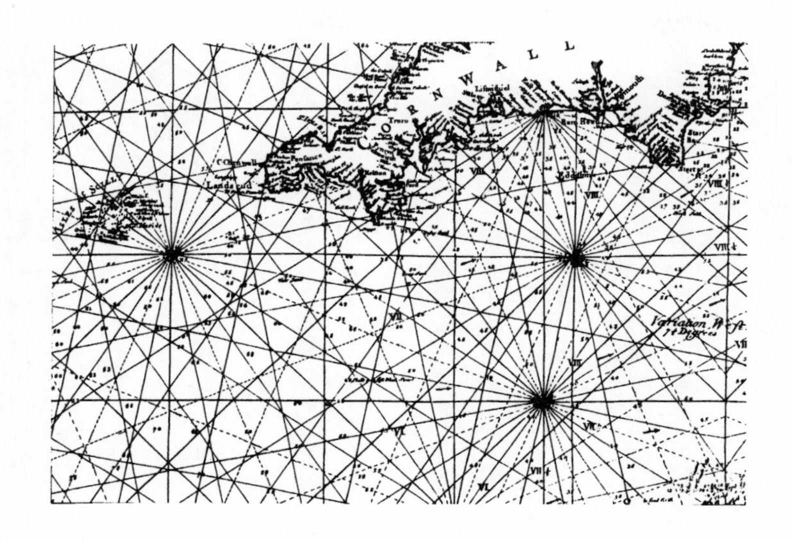

哈雷英吉利海峽海圖的部分片段，從中可看到恆向線以及被標示為七又二分之一度的羅盤偏角。

船難與死亡的危險。大多數海圖都把希利群島畫得太靠北方，因此造成的危險極大。他也警告，羅盤偏角在幾年內會從偏東的位置往西偏，一直到偏西七又二分之一度的位置，船長們忽略這個變化將造成危險。「如果他們有兩、三天沒有觀測，也沒有修正偏角，他們必定會駛向較原先航線偏北的路徑。」簡言之，船長將船開進英吉利海峽，然後沿著緯度行駛（哈雷建議最北不要超過北緯四十九度四十分），每航行八十哩，就比航跡推算位置偏北十哩。

出版這本小冊子六年後，哈雷已經成了牛津大學的教授，他聽到夏維爾艦隊在希利群島遇難的消息深感震驚。兩百五十年後，皇家海軍的梅伊中校檢視了殘留的航海日誌，發現他們根本沒有修正羅盤偏角。

船隻駛出英吉利海峽也可能墜入陷阱。守舊的船長仍然沿著所謂的「海峽航線」——西南西——從比奇角開始航行，如果仍不修正偏西的偏角，就一定會撞上法國海岸或海峽群島外的卡斯克茲。事實上，有越來越多的船難發生在卡斯克茲與法國海岸就是明證。哈雷建議，如果修正偏西的偏角，那麼從比奇角出發，安全的羅盤航線應該是西略偏南。

哈雷的海軍事業在英吉利海峽調查之後告一段落，但是他在海上遺留下來的成果將會延續下去。吹毛求疵的弗蘭斯帝德希望能阻止哈雷的牛津大學教授任命案通過，他略帶酸意地說，哈雷「現在可以像海上船長一樣地說話、咒罵及喝著白蘭地」。弗蘭斯帝德最後失敗了。

十六年後，弗蘭斯帝德死了，這位飽受痛風與偏頭痛折磨的英國首任天文台台長多年來一直與皇家學會、牛頓爵士和哈雷進行激烈的辯論。諷刺的是，第二任天文台台長竟是哈雷。他的第一個任務就是為皇家天文台添購設備，因為弗蘭斯帝德的妻子將格林威治天文台的東西一掃而空。

哈雷的第二項計畫早就在心裡思索良久，他想研究月球的週期，又稱沙羅週期，週期持續達十八年。對一個六十五歲的男人來說，這是他漫長生命中的一個動人信念，但結果（如果成功的話）卻提供了一種能在海上找出經度的方法。

哈雷一生的信念終究實現。他死於一七四二年，享年八十五歲，在喝了一杯葡萄酒之後寧靜而安詳地走了。他葬在格林威治天文台附近的教堂墓地，就在妻子旁邊。

哈雷最早投到皇家學會《哲學學報》的文章之一，談的就是羅盤偏角；而在五十年後，即一七三二年，他的最後一篇文章談的也是同樣的主題，冥冥之中似乎註定如此。

一七五六年，負責出版哈雷世界偏角海圖的倫敦曼佩書屋印行了全新的改良本，裡面對原作進行了修正。小冊子上說，海圖中大部分的數字測量及其精確都要歸功於最新改良的磁羅盤，這個重要工具一直受人忽視，直到「明智的皇家學會會員奈特博士出現，才開始研究羅盤的結構與原理，並運用他的磁學知識來改良羅盤」。

然而，奈特博士的改良卻引來一些非常有名又經驗豐富的水手的爭論。

8 奈特博士和他的磁鐵機器

北大西洋冬日的風暴令人畏懼。就在這麼一個暴風雨之夜，雷聲隆隆，狂風在索具間呼嘯而過，巨浪滔天，此時桅頂閃耀著奇異的火光，多佛號被閃電擊中。雷擊非常猛烈，使得船上大部分的船員，包括船長，都暫時失去視覺。閃電打穿了兩層甲板，將右舷木板劃出一道開口。不到十五分鐘，艙底就積水九吋深，隨著船身的搖晃，水花也四散濺溢。暴風雨持續五天，他們損失了兩根桅柱和大部分的帆，真正的損失估計還會更大。

除了這些可怕的損害，閃電也對羅盤造成某種影響。所有的羅盤都消磁了，完全無法使用。多佛號被閃電擊中時，正位於希利群島以西約六百哩處，剛好在紐約到倫敦的航道上。十二天後，一七四九年一月二十一日，多佛號的幫浦超時運轉，疲憊的船員運用風力、太陽與星星，勉強將裝著破爛臨時帆的多佛號航抵威特島的考斯。

多佛號的乾羅盤是當時的標準配備：裝飾的圖面底下隱藏著羅盤指針，圖面保持平衡，以垂直的針為軸針。三個羅盤用木盆，一個羅盤用黃銅盆，所有的盆都裝了玻璃蓋。羅盤裝在木盒裡，在平衡架上擺動，主操舵羅盤則放在羅盤櫃裡。當時的羅盤櫃是大型木箱，裝在舵輪正前方。羅盤櫃通常有三個隔間，以玻璃為區隔，中間的隔間用來放羅盤，兩邊的隔間則分別放著油燈和計時的沙漏。在一些較大的船上，羅盤會放在最後一個隔間：舵手必須站在大舵輪旁邊，中間的隔間則保留起來，放置油燈或蠟燭。羅盤盆內緣標示著垂直線，即船首基線。這條線很可能是十六世紀葡萄牙人的發明，它是一條從船首連到船尾的船身中線，如此可以將這條線對在羅盤圖面上，讓人維持航向。

多佛號船長魏德爾在考斯買了一個羅盤，好讓他的船能開往倫敦，但是又發現別的問題。當他把羅盤放入羅盤櫃時，指針會從原本羅盤在外面所指的點擺盪到另一個點，並且在兩個點之間搖擺不已，兩點所夾的角度剛好是二十二又二分之一度。於是他將羅盤櫃移到甲板另一個地方，然而每當羅盤放到櫃裡時，指針又開始左右搖擺。魏德爾心想，應該不是鐵的問題，因為他已嚴格下令造船的師傅不可使用鐵釘。

平安駛抵倫敦之後，魏德爾決定請專家來調查這個令人困惑的狀況，而一七四九年的倫敦剛好有這麼一位專家：奈特博士。

三十六歲的奈特就跟伊麗莎白時代的威廉・吉爾伯特博士一樣是個醫生，但是他不像吉爾伯特那麼富有，可以盡情揮灑對磁力的熱情。奈特的財力有限，他反過來希望他對磁力的熱情能讓自己致富。

對磁石隱藏力量的著迷以及磁球體的流行，從吉爾伯特的時代開始就從未衰退；皇家學會最引以為傲的兩件財產，分別是倫恩爵士及阿伯爾科恩伯爵擁有的磁球體。一七三〇年，阿伯爾科恩草擬了一張表，依照磁石的尺寸和磁力來計算磁石的貨幣價值。牛頓爵士有一小片磁石，重約三喱，放在指環中，而指環可承載的重量是七百喱。磁石可以拿來玩弄宴會小把戲，收藏家的櫥櫃裡要是沒有磁石，便彷彿少了什麼東西。收藏家的磁石通常是方形的，裝在銀盒子裡。儀器製造商販賣磁石，有個倫敦儀器製造商的商務名片——現在存放在倫敦的科學博物館中——上寫著他的貨物：地球儀、四分儀、望遠鏡，以及一塊藉由吸住鐵錨來展現吸力的磁石。另外一名倫敦儀器製造商塔特爾也販賣數學紙牌，他將黑桃七設計成「磁鐵或磁石」牌。紙牌上畫著一群礦工正在挖掘磁石，有一塊磁石吸住了一把沈甸甸的鑰匙，另一塊磁石則吸住了穆罕默德的墳墓（根據古老的傳說，他的墳墓是鐵做的，由一塊強有力的磁石將它懸浮於半空中）及一塊鐵錨（所有航海事物的典型象徵），顯示出磁石可以將羅盤指針再磁化，因而在航海上具有重要的功能。紙牌上也隱約暗示著磁的力量：「當中蘊藏著神秘的美德，讓我們的航行更加順利，使我們的貿易更加擴展，而我們的海圖與地球儀也因此變得更加精確。」

一七四〇年代的倫敦是個商業城市，重視磁石及磁鐵對航海與貿易的影響；在這樣的背景下，奈特開始了他的醫師生涯。生於一七一三年，地方神職人員之子，奈特先是就讀里茲的文法學校，之後則進入牛津的梅格達倫學院❶。在學院死氣沈沈的氣氛裡，以及充滿霉味的圖書館中，奈特學習醫學並涉獵磁學及磁鐵的製作。奈特是如何以及為何開始進行磁實驗的，我們不得而知，但是在他抵達牛津前一年，薩佛里討論磁學的論文曾發表在皇家學會的《哲學學報》上，而薩佛里的兒子剛好跟奈特一樣都在牛津。

移居倫敦之後，薄唇、尖嘴、非常在意自己的尊嚴和應有地位的奈特，馬上找了各界名人來見識他的磁鐵的威力。皇家學會是十八世紀自然哲學最有分量與最具聲望的評斷者，因此奈特非常明智地請來會長佛克斯到他的住所。一七四四年的兩次造訪，都是在十一月窗外盡是陰冷和油煙濃霧的時候，奈特以其特有的展示天分將他製作的磁鐵驚人力量顯示出來，其威力甚至遠大於磁石。佛克斯覺得這是了不起的成就，於是要求奈特於星期四晚上再示範一次。這一回是在距離奈特家不遠的艦隊街附近，皇家學會在吊架巷有個地方，成員們將會到那邊聚會，奈特在這裡成功地讓會員們相信他已經發明了一種實用的新型磁化鐵棒。

奈特開始尋找有影響力且對自己有幫助的人選，他的效率就像他的鐵棒能聚集磁力一樣。奈特在皇家學會成員面前宣讀他研究磁鐵和磁力的論文，他被選為皇家學會的一員，並於一七四七年獲頒科普里獎章，皇家學會的最高榮譽。在頒獎典禮上，佛克斯告訴這些

---

❶ 這所學院被吉朋批評得一文不值：「我在梅格達倫學院待了十四個月，結果證明這十四個月是我一生最無聊也最沒有收獲的時候。」

帶著假髮的皇家學會成員，奈特是如何「致力於思索將指針磁化的最好方法，以利其運用於海上航行」；而他也的確「發明了人工方法，這種方法極為便利，可以產生很強的磁力，就算這種方法的磁力不是最強的，也只比最好的磁石差一點」。佛克斯在談話中投入自己的期待，並且有點誇張地將古聖先賢也拉進磁研究的行列（尤里匹底斯、柏拉圖和亞里斯多德）。他最後說，磁石——想當然爾也包括奈特的超級磁鐵——將羅盤指針磁化，「可為人類帶來最大的好處與貢獻。有了它的協助，我們可以安全輕鬆地進行遠洋航行，因此增加並推展我們的海外貿易，我們便能將異國的水果、日用品、珍奇之物及各種東西都運到國內」。

獲得科普里獎章的奈特等於登上了自然哲學家的顛峰。一年後，他加入了學會中更小的圈圈，即星期四晚餐俱樂部，成為這個俱樂部的一份子，其意義甚至要大於科普里獎章。這個俱樂部的會員僅限四十人，下午四點時於艦隊街的米特酒館聚會，剛好是在學會晚上聚會前四個鐘頭。而從酒館步行到聚會處只有短短幾分鐘的時間，非常方便，也許酒館老闆端菜到聚會處走的也是同一條路線：新鮮鮭魚、炸鱈魚、鱈魚頭、煮雞、鹿臀、醃燻豬肉、鴿肉派、小羊背脊肉與水田芹、烤豬排骨加蘋果醬、梅子布丁、蘋果派、奶油與起司——這些菜都淋上了紅葡萄酒與白蘭地。

這位醫生現在成了學會的磁鐵專家，而最令他滿意的是，他可以靠賣磁鐵賺錢。不過，他堅決不願透露製造秘方，這樣可能會殺了他的金雞母。此舉引來了學會成員和強森博士的批評，他們都認為自然哲學家的發現應該是造福人群，而非為己圖利，但奈特還是拒絕改變他的做法。另一方面，在製造磁鐵這個領域，奈特並不是沒有對手。坎頓就是其中之一，他曾在學會會員面前展示他的方法，並且予以出版，這讓奈特非常生氣。

一直要到一七七二年奈特去世後，他的方法才由朋友兼遺囑執行人佛勒吉爾博士❷（貴格派醫生、植物學家與慈善家）公布。步驟一開始相當費時：奈特以天然磁石磨擦一些鋼鐵棒來進行磁化，綁住這些鐵棒，就能構成一塊比原來的磁石磁力更強的磁鐵。他再以相同的步驟用這塊磁鐵摩擦另外一些鋼鐵棒，就能得到磁力更強的磁鐵。

為了更省事一點，奈特建造了一部磁鐵機器，用來大量生產磁鐵和羅盤指針。這部奇怪的機器由兩個裝了輪子的架子構成，每個架子的重量都超過五百磅，由兩百四十根磁鐵棒緊緊綁在一起組成。兩個裝上輪子的架子彼此接近，中間則夾著一根鋼鐵棒或羅盤指針，結果會產生磁力強大的棒子與羅盤指針。

為了販賣產品，奈特的推銷手法必須在其士紳地位（他是個醫生，應該表情嚴肅，手握銀頭手杖，戴著長度足以蔽頸的假髮）和十八世紀生意人的各種詐騙技倆之間求得平

❷ 奈特欠佛勒吉爾很多錢。他告訴佛勒吉爾，他在康瓦耳郡的採礦投資使他的財務陷入困境。管束流浪漢，拘留及監禁債務人，這些景象是十八世紀的惡夢。奈特說，他需要一千英鎊才能讓自己擺脫惡夢、笑逐顏開。佛勒吉爾說：「於是我便讓他開心了。」他馬上拿出錢來。

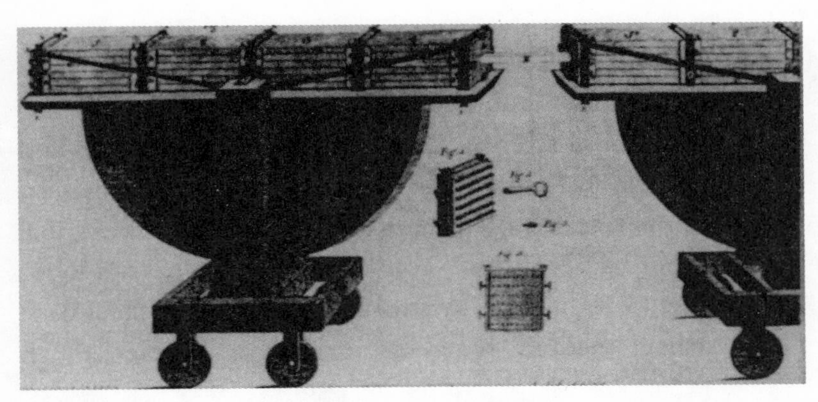

奈特博士用來製造人工磁鐵的磁鐵機器，每個重達五百磅以上。引自《哲學學報》第六十六期（一七七六年）。

衡，畢竟這是個騙子、丑角及江湖郎中橫行的黃金時代。在這個充滿藥劑、藥丸、藥粉和秘方的時代，藥品的神秘成分幾乎可從巫婆鍋子裡的泡沫找到答案：蟲子、磨成粉的蝸牛、肥皂、尿液、蛋殼、燉貓頭鷹、魚眼、銻、砷、胡蘿蔔子。

十八世紀最有名的江湖郎中非葛拉罕莫屬，他是蘇格蘭人，到南方來討生活，最後卻死在愛丁堡，是個瘋子。葛拉罕的事業跟藥劑藥丸沒什麼關係，他主要仰賴磁與電過活。他的「健康神廟」位於英皇台街上，正對著泰晤士河；而在佩爾美爾街的住所中，他的所作所為符合了當時有錢人的需要，幫他們處理疲倦、不孕與性無能的問題。他的奇特事業最重要的器具就是一張「天體床」，躺在上面可以治療性無能，並且能受孕得到優良的子女，睡一晚要五十英鎊。葛拉漢的病人競相要睡這張十二呎長、九呎寬噴滿香水的床，床的上方覆以圓頂，圓頂內緣貼滿了鏡子；床上則是絲織的床墊，裡面填充著「英國種馬的尾巴毛，既強韌又富有彈性」。旁邊有小樂隊彈奏輕音樂給夫妻欣賞。如果這樣還不足以讓人振作，則床底下還有將近一噸的磁鐵可以賦予他們「活力」。

奈特在銷售手法上較為巧妙且較不渲染。身為皇家學會的成員，他名字後頭的縮寫F.R.S.就代表了一定的分量，也暗示了他的磁鐵有著學會的支持。學會出版的刊物中閱讀群最大的就是《哲學學報》，他選擇將文章投到這份刊物，無形中成了一種免費增加聲望的宣傳。奈特出版了一本高深莫測談論宇宙的書，藉此增加其學術地位❸。這本書有三分之一是在談磁力。帶著遺憾的富蘭克林曾多次與奈特在皇家學會中開會，他雖然承認奈特是「史上最偉大的實用磁學大師」，但是看了奈特黏滯的文章之後，卻開心地表示他絕對找不到「休閒時間來細讀他的作品，同時也沒有這副心神，因為要讀懂他的書一定要跟他一樣，成為理論的精通者」。

不過，奈特畢竟還是個企業家，他調查了多佛號的羅盤與羅盤櫃，發現一個可以將他用來磁化羅盤指針的磁鐵生意再加以擴展的機會。他知道他的磁鐵是最好的，因此這些磁鐵也應該搭配最好的羅盤一起使用，於是他準備要設計並製造最好的羅盤。

❸書的標題很明顯地將他的目的表露出來：《一個證明自然界所有現象均能以兩個簡單主動的原則來解釋的嘗試，吸引與排斥：凝結、重力和磁力的吸引其實是同一件事，而磁力的現象則是本書特別要說明的》。

9 奈特的羅盤

奈特調查了多佛號的羅盤與羅盤櫃之後，得到一連串令人遺憾、偷工減料的事實。奈特發現，羅盤箱是用鐵釘釘起來的，側面十六根，底部十根，所有的釘子都在雷擊後被磁化了；至於魏德爾要求的必須不用釘子的羅盤櫃，則是用了四根大釘。奈特認為，即便是最好的羅盤也會被這些釘子影響，更何況多佛號的羅盤，就算再有想像力的人都不會認為那是最好的羅盤。

一般說來，當時製作羅盤指針的方式都是將兩條磁化的鐵線從中間折斷，然後再將鐵線的末端接合，形成鑽石形的指針。指針被黏在羅盤盤面和黃銅軸帽的底面，黃銅軸帽可以讓垂直的軸針剛好插進鐵線構成的鑽石形指針中央——除非鑽石變形及黃銅軸帽偏掉了。閃電也將鑽石形指針的兩極位置顛倒過來，奈特在震驚之下嚴詞譴責這種羅盤只能算是「拙劣的」工具，他以一連串的驚歎號來強調他的憤怒：「如果人們知道船上使用的羅盤幾乎全來自同一批爛貨時，他們該有多吃驚！羅盤箱全是用鐵線綁起來的，而羅盤用起來也完全沒有準度。」

事態的發展讓奈特深深相信，他有義務、有能力也有意願依照真正的磁學原理來設計羅盤。

奈特居住的倫敦在霍加斯的畫筆下充斥著酒鬼、放蕩者與娼妓，看起來似乎不是一座能製造精準儀器的城市。一方面，在污穢的巷弄和通往倫敦塔東端的死巷裡，居住著水手、挑夫、當鋪老闆和攔路賊；另一方面，則是快速發展的西區，有著開放的廣場、鋪好的道路、寬廣的人行道和自來水。倫敦結合了這兩者，成為歐洲最大的城市。乍看之下，倫敦的街道、巷弄與廣場名稱會讓人感覺到一股刺鼻的味道。在東區：黑狗弄、野兔腦巷、羊肩肉弄、小幫浦場、釀造屋。在西區，刺鼻的味道消失了，取而代之的是棉布手帕與撲粉的假髮：聖詹姆士廣場（一七二一年時，這裡住著六位公爵、七位伯爵、一位伯爵夫人、一位男爵，以及一位渺小低階的准男爵。喬治三世出生於此）、傑明街、格洛斯維諾廣場、柏克萊廣場、卡文迪士廣場、漢諾威廣場、國王街、公爵街、約克公爵街、阿爾伯馬爾街、查理二世街。

這兩區之間則是如拼布般的商業區，裡面僱用了數千名學徒、工匠、學徒期滿的職工、手工業者及勞工，光是河邊與港口就僱用了倫敦四分之一的勞動力。史畢托費爾德的絲織業、倫敦塔小村鎮的帆布業、波爾與雀兒喜的瓷器工廠、柯芬園的馬車與家具業、克勒肯威爾教區與鄰近的聖路加教區的鐘錶業，以上這些地方僱用了數千人。克勒肯威爾與聖路加也生產刀劍與手術、光學、數學、航海與觀測儀器。

從這個技術工匠匯集處出來的工人，能製造出讓全歐洲都嫉妒的科學儀器。以柏德這名工匠來說，他為格林威治天文台製造半徑八呎的四分儀，由於這部機器相當準確，於是他很快就又幫法國、日耳曼、俄國與西班牙等地的天文台製造一模一樣的機器。葛拉漢是出生於坎伯蘭的貴格派教徒，他提供法蘭西學院一部用來測量子午線的機器，而他發明的「不晃擒縱器」與水銀鐘擺被全世界的天文台沿用超過一百五十年以上的時間。葛拉漢與奈特不同，他非常願意和他人分享他的發現。葛拉漢慷慨並拒絕收取利息，他把錢放在堅固的箱子裡，並且借了大筆金錢給朋友，而且是無息的；在他的慷慨之下，有位名叫哈里森的鐘錶匠因此受益。葛拉漢身為皇家學會的一員，在《哲學學報》上寫了一些有關羅盤傾角與偏角的論文。他還製造了一部精巧的儀器，用來測量白天的地磁變化。馬奇是葛拉漢的學徒之一，曾發明桿式擒縱器，他為強森博士製造了第一個手錶，並投身於航海天文鐘的生產工作。拉姆斯登是「分割引擎」的發明者，可以用來為精密儀器標定刻度，這種機器可以將六分儀的大小減半，卻又無損其精確度。拉姆斯登，約克夏旅館老闆的兒子，製造了數千部數學及航海儀器，並且僱用了六十名工匠。他是個嗜好單純的人，只要坐在廚房爐火和計畫圖旁，一邊是貓，另一邊是一大杯黑啤酒及一盤麵包，就感到很滿足。當他畫圖、吹口哨和唱歌時，學徒們會坐在周圍。在說明了設計內容之後，他會說：「現在，讓我們試試看它有沒有問題。」若是有已完成的儀器不符他的要求，就會馬上毀掉，他叫嚷著：「各位，這不合格，我們必須重做一次。」

奈特不像拉姆斯登那樣容易親近，但是在解決問題的固執上，他一點也不輸給他的約克夏同事。

多佛號的粗劣羅盤讓奈特提出一個重要問題：是不是所有的航海羅盤都粗製濫造？奈特收集了二十個羅盤，然後開始進行分析。他發現，大部分指針都是用鐵線彎折成菱形製成的，這些鐵線只有末端部分經過加熱冷卻的硬化處理，使得菱形指針的磁力不平衡——造成所有羅盤都無法正確指向磁北方！

皇家海軍艦艇及一些商船使用的羅盤指針是用回火鋼製成的，末端較粗，越往中間越細，而中央有個洞，是用來穿軸帽的。這些指針末端的形狀全憑「工匠的技術或巧思來決定」，但是奈特認為這些指針還是比菱形鐵線好得多，只不過這些指針還是有點怪怪的。將磁沙灑在指針上方的玻璃薄片上，會發現上面呈現六個磁極，而非預期中的兩個磁極：針的兩端各有一個磁極，指針由粗變細的地方也有兩個磁極，另外兩個則位於中央的軸孔。不過，其中有兩根指針（筆直的而且末端呈方形）被發現只產生兩個磁極，並且只有在軸孔附近，磁沙才有些許散亂的現象。

從這一點，奈特下了一個結論：他認為長的、方形的而且沒有軸孔的指針是最好也最簡單的，這種指針要放在羅盤盤面的「上方」，而盤面是用非常薄且上過漆的紙張製成，紙張圓周則框以黃銅環。軸帽則裝在盤面底側，指針上不需任何軸孔。為了減少軸帽的摩擦力，在實驗了各種材料之後，他決定用象牙來製造軸帽，並且裝上一塊瑪瑙。軸針就不像軸帽那麼高級又昂貴，它只是一般的縫衣針，安裝方式也很簡單，為的是容易更換。之所以選擇這種較平民化的解決方式，是因為「一般說來，縫衣針還是比普通工匠在毫無準備下硬充面子製造出的針還尖得多」。

跟奈特一起工作並且幫他製造第一個羅盤的並不是個普通工匠。二十六歲的司梅頓比奈特小十一歲，出生於里茲，跟奈特一樣就讀於里茲的文法學校。司梅頓的父親是個律師，對於年輕兒子在製造工具與儀器上所表現的熱情感到有些困惑。他認為司梅頓註定要跟隨他走上法律的職業，應該要超越這類活動，這些活動充滿了普通工匠的氣味。司梅頓早年專注的事情之一，就是到附近的煤礦坑觀看蒸汽幫浦的裝設，之後便自己製作小型蒸汽幫浦。這位年輕的工程師選擇自家前面的魚池來測試他的成品，幫浦的性能非常好，居然把魚池抽乾了，結果造成了一堆死魚和一個非常憤怒的父親。

司梅頓於十六歲離開學校，到父親的辦公室工作，並且接受訓練成為一名律師；然而，就一名新進律師來說，他擁有的技能相當奇怪。他懂得如何鎔接鋼鐵和鎔化金屬，在他的小工作坊中，放著處理木材、象牙及金屬的設備（木頭與金屬車床都是他自己製作的）。他的朋友總是會收到製作得非常精美的禮物。

為了要讓他離開工作枱，司梅頓的父親於一七四二年將他送到倫敦，希望法律文件、墨水及鵝毛筆能取代鑿子與車床。這樣的希望完全是徒勞，司梅頓寫信給父親為自己辯解說，「他的天分與志向」是世界而不是法律。父親雖然擔心，卻也能體諒孩子的想法。他接受了事實，並承諾會給予金錢上的協助，於是司梅頓馬上跑去為數學儀器製造商工作。

奈特與司梅頓剛好有著共同的社會背景。兩人都就讀里茲文法學校，彼此住得很近。奈特住在林肯旅館廣場，司梅頓則住在大旋轉門街，這條路剛好通往林肯旅館廣場東側❶。他們兩人都參加了鄰近的皇家學會的會議，奈特身為皇家學會資深會員、科普里獎章得獎人和皇家學會晚餐俱樂部專屬會員——簡單地說，他是倫敦自然哲學家池塘裡的大魚——自然成了司梅頓的導師；反過來，這個有天分的年輕儀器製造人則成了製造奈特第一個羅盤的理想選擇。

❶ 林肯旅館廣場在還沒有圍上柵欄之前是個非常危險髒亂的地方。規定林肯旅館廣場必須圍上柵欄的法案中提到，這座廣場充斥著「流浪漢、乞丐和其他以此地為家的人，因此也成了搶劫、攻擊、暴力及暴行的溫床」。如今這個地方已經成了律師、事務律師及出庭律師居住的地區。

奈特檢查多佛號的羅盤一年後，這兩人在皇家學會成員面前展示他們製造的兩件新設備。奈特捲起袖子，用他細長的手指指出他的設備優於其他航海羅盤之處。這的確是一部製作精美的儀器，從平整發亮、裝著平衡環的桃花心木盒，到飾有百合花徽黑白盤面的黃銅盆羅盤，處處都展現出高雅與精確。奈特展示了有鉸鏈的玻璃蓋（儀器上的蓋子不用粗劣的油灰黏合），使人可以輕易地接觸到盤面、羅盤指針及軸針。指針並不需要不斷地進行再磁化（這種針通常是軟鐵製成的針），因為這種方形組合的指針是用回火鋼打製、以奈特的機器磁化而成，而以巧妙方式裝設的軸針則在磨損時可輕易替換。

除此之外，司梅頓又另外展示了一款方位羅盤（azimuth compass），這是他以新羅盤為基礎發展出來的。azimuth 這個字源自於阿拉伯文 as sumat，意思是路徑或方位。在航海術語中，方位一詞是用來指示介於觀察者子午線與通過天體的垂直圓之間的海平面弧線，並以刻度表示之。方位羅盤也能以海岬、海角和明顯的地標為定位點來取得方位（一般羅盤也可以達成相同的目的，但也許無法像方位羅盤那樣準確。方法很簡單。在羅盤櫃後面彎下腰，觀測正好浮現在羅盤上的目標物。閉上一隻眼睛，然後垂直往下朝羅盤做一個劈砍動作，彷彿你是想要劈磚的武術家。眼光跟隨著這條線，並且估計這條線會跟羅盤盤面交會在什麼地方，找出方位，這樣就能成為一名好船員。一八〇〇年，有位皇家海軍雷霆號船長用這種方式觀測方位，因而被稱為「劈羅盤櫃」測量法。幾個世代以來，這種方法一直被水手、漁夫及遊艇主人沿用）。

從十七世紀中葉開始，方位羅盤就被用來測量磁偏角，其運作原理是觀察陽光在羅盤盤面上形成的陰影（以此可顯示出太陽的真實方位）與羅盤指針方向之間的差距。司梅頓的設計使用了兩根細長的垂直豎條（很像槍的瞄準孔）、一根指示海平面的指針棒、羊腸線，以及一塊用來框住羅盤盤面並且刻有七百二十個刻度的黃銅環。

在皇家學會面前所做的展示，以及在權威的《哲學學報》上對這兩種羅盤所做的描述，是奈特在市場爭奪戰中所開的第一槍。到目前為止，他一直承擔著設計與製造的所有成本；現在他終於可以開始販賣他的羅盤，而海軍部也成了他瞄準孔中的明顯目標。

10 風暴之海的震撼

海軍准將安森於一七四〇年率領一支由六艘艦艇、超過一千九百人組成的艦隊從英國出發，在海軍部的指示下，他們的目標是騷擾並困擾太平洋區的西班牙人；可能的話，最好能俘獲一艘西班牙人每年定期從墨西哥阿卡波哥運往菲律賓馬尼拉的運寶船。

四年後，安森只帶了一艘船——百夫長號——和不到六百人回來，好消息是他也帶了價值超過五十萬英鎊的財寶回來。安森拿了應得的酬金後陡然而富，財寶以三十二輛馬車運送，由百夫長號冷酷的水手和看起來相當嚴肅的軍官護送，浩浩蕩蕩的行列為倫敦市民提供了一場最精采的娛樂。他們走過皮卡迪里街、聖詹姆士街、佩爾美爾街，然後穿越市區到了倫敦塔。整個隊伍以定音鼓、喇叭與法國號為前導，後面跟著第一輛運送財寶的馬車，英國國旗飄揚在西班牙國旗之上。

一七四七年，已經成為海軍上將的安森打敗了駛往加拿大的法國海軍分遣護航艦隊，讓自己變得更加富有，這些寶物的價值超過三十萬英鎊；同樣地，他們也在街上遊行展示一番。當時的英國政府很精明，懂得在他們的故事上做投資。一七四八年，安森百夫長號航海記的授權版出版，馬上成為最暢銷的書籍。書的導論強調，在未來所有的航行裡，精確海圖以及地理和水道測量資訊的蒐集是不可或缺的。因此，藉由航行，「商業與國家利益可以大大提升」。

當奈特揭開他新羅盤的面紗、希望將新羅盤的優越之處如福音般傳播出去時，魁梧而面色紅潤的安森此時正好是皇家學會的成員，同時也在海軍部及經度委員會有很大的影響力。其他四名皇家學會成員，其中包括了奈特的朋友，皇家學會會長佛克斯，碰巧也是經度委員會的會員，奈特有很好的機會實現其銷售之夢。

奈特展示羅盤一年後，安森被任命為海軍大臣，並且開始改革極為腐敗的海軍造船廠，此舉讓自以為高枕無憂的海軍官僚苦惱不已。安森也拜訪了奈特在林肯旅館廣場的住所，檢視這位醫生的磁鐵機器、磁鐵棒與羅盤。他跟佛克斯一樣，在這裡觀賞了奈特熟練而充滿戲劇性的展示。

安森參觀完畢後，事情便加快腳步進行：海軍後勤部接到指示，對新羅盤及磁鐵棒進行官方檢測；幾個禮拜後，海軍後勤部與三一燈塔報告了他們的發現。報告發表的同一天，即一七五一年四月四日，上級下令將羅盤與磁鐵棒分別配發給裝有四十四門砲、開往幾內亞海岸的光榮號（艦長豪威，後來成為海軍上將）；裝有四十門砲、開往紐芬蘭的彩虹號（艦長羅德尼，後來成為海軍上將）；開往巴貝多的單桅帆船天鵝號（艦長傑米）；航行於英吉利海峽國內海域的單桅帆船兀鷹號（艦長懷爾特）和幸運號（艦長坎貝爾）。

上級還指示豪威、羅德尼和傑米要「把握機會跟這位醫生見面，由他來教導他們使用磁鐵棒，以避免出錯，並且告訴他們這種羅盤有哪些地方經過改良」。

兀鷹號（艦名正好跟它的任務相符）的懷爾特艦長受命襲擊「唐斯與比奇角之間的走私者」。海軍部還有其他工作要給兀鷹號：「我們在此附上消息，有一些造船工人被誘騙離開英國，現在他們在布婁涅，準備從這裡出國。因此，我們命令你們要監視來自於布婁涅的任何船隻或船舶，如果你們有理由相信船上的人有嫌疑，就抓住他們並遣送回英國。」擁有世界上最大商船隊的英國，無法承受造船工人這類核心工匠為潛在敵人工作。

奈特在吊架巷展示他的羅盤，但是在此之前，他從未在海上測試他的羅盤。司梅頓則忙於製造其他航海設備：海平面看不清楚時，仍然可以用來測定天體方位的人工海平面鏡，以及用來測量速度和航行距離的測程器。測程器是由一塊貼附在薄盤面的扭曲薄橢圓形黃銅片（十吋長，二又二分之一吋寬）構成，將扭曲的銅片放在船尾漂流時，銅片會旋轉，旋轉次數全由一串刻度盤記錄下來。這是一種現在還繼續沿用的觀念。司梅頓首次嘗試校準這個設備的地點，選在海德公園的蛇形河中。一七五一年在海德公園中散步的人，可能會看見司梅頓划著船，船後頭拖著他發明的東西，就像漁夫拖釣著魚一樣。

進行一連串實驗的幾個禮拜之後，司梅頓與奈特兩人一起登上小船，在泰晤士河入海口測試他們的新發明。根據司梅頓的說法，跟他們兩人同行的還有一位「赫欽森先生，他是一名有經驗的水手，同時也是一艘大型商船的船長」。赫欽森的確經驗豐富，他的水手生涯是從小時候在小煤船工作開始，當過「廚師、侍者及端啤酒的小弟」。他也曾搭乘東印度公司的船去中國，在地中海的私掠船上與敵人作戰，並曾遭遇船難，乘著小艇在海上漂流。在沒有食物的狀況下，艇上的水手用抽籤決定誰要成為大家的晚餐。赫欽森不幸抽中，卻又幸運地碰上海平面浮現船隻；從那時起，他就把那天當成一年一度「虔誠祈禱」的日子。

首次羅盤測試之後，最重要的測試才要登場。一七五一年九月二十四日，英國皇家海軍戰艦幸運號停泊在哈維治，奈特與司梅頓站在甲板上凝視著灰矇矇的北海，海面上點綴著平底船、在沿岸航行的單桅帆船、鱈魚船、絡繹不絕的運煤船，以及開往荷蘭的哈維治郵船。在這看似平靜而船帆點點的海面下，卻潛藏著沙丘淺灘，退潮時才會露出頭，彷彿巨鯨的背脊：長灘、砲艦隊灘、沖艦灘、沈灘、肯特撞擊灘。哈維治的入口處暗藏著更危險的淺灘，船隻與水手在此無辜遇難：祭壇灘、骨頭灘、軟骨灘、貪食者灘。這片海域顯示出測深繩與精確羅盤的重要性。

接下來幾天令人挫折。由於處於微風與無風的狀態，幸運號大部分的時間都停在岸邊，無法測試羅盤與司梅頓的測速繩。到了月底，單桅帆船奮力往北航行，並且停泊在漢伯河上。坎貝爾對奈特的羅盤發表意見，審慎中帶著樂觀：「我發現在眾多羅盤中，有一種羅盤在微風狀態中以及在我們位處的海域中表現得比以前的羅盤好。」

其他人的意見就沒有這麼審慎了。豪威認為，「除非遇上了暴風雨」，否則奈特的羅盤要比其他羅盤好多了。羅德尼則不客氣地直言：「不可能靠這種羅盤來駕船。」

奈特對於自己在羅盤設計上所犯的嚴重錯誤渾然不知。羅盤盤面的重量應該平均分布，或者，以課堂上慣用的說法，羅盤直徑上的每一點，慣性矩都應該相等。換句話說，就算羅盤的盤面傾斜，盤面也不該以軸針為中心而旋轉；然而，奈特設計的單一指針卻會造成盤面旋轉。當船隻朝北航行並且在由東而來的橫向浪中顛簸時，奈特羅盤的指針會朝東西向搖擺；而在橫向浪過去之後，指針又會擺回南北向。諷刺的是，奈特詛咒的菱形指針卻比他自己設計的羅盤穩定多了。

奈特的羅盤也許有瑕疵，但是他的行銷技術和對海軍部的影響力卻仍舊完美無瑕。在幸運號上進行測試後一年，由安森主持的經度委員會給了奈特三百英鎊的獎金。之後，就在同年，所有海外的英國皇家海軍全都配發這位醫生的羅盤及磁鐵棒。

一七五七年夏天，所有出發前往海外的船隻應該都已經採用司梅頓設計的方位羅盤，以找出位於普利茅斯南方的艾迪史東礁石的方位。第一座艾迪史東燈塔在一七〇三年的一場大暴風雨中被沖毀，第二座則於一七五五年毀於火災。第三座現在則矗立在海浪終日沖刷的礁石之上，而且這座燈塔碰巧是司梅頓設計的，它以精巧嵌合的石頭建造而成，其矗立形式成了所有承受海浪沖刷的燈塔的範本。司梅頓不再製造羅盤，他讓自己改頭換面，

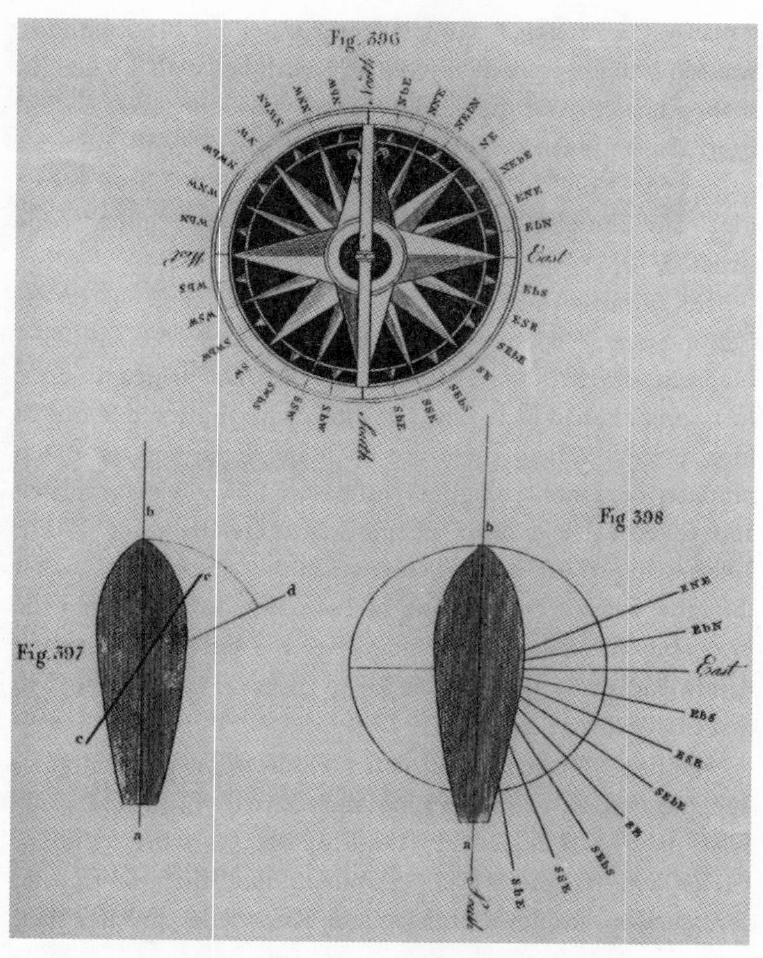

雷佛《新進水手須知》中的插圖（一八〇八年）。上面所繪的羅盤盤面，指針位於上方，就是奈特博士的羅盤。

成了新品種的土木工程師。

奈特現在將他的羅盤和磁鐵棒交由他唯一的代理商亞當斯製造，亞當斯是個儀器製造商，店鋪在艦隊街，招牌上是一幅布拉赫頭像。這家店絕非是那種拿了錢就連夜潛逃的黑店，它很忠誠地提供數學儀器，透過郵寄目錄，使得它的顧客遍及世界各地。奈特的羅盤賣價達四十五先令，比菱形指針羅盤貴了十倍以上。他們並模仿了英國著名鐘錶匠的行銷策略，由英國皇家學會會員奈特博士簽名認證：「我在此認證，這個羅盤已通過檢查，並且被正確地製造。」

書中和小冊子中有許多見證奈特羅盤的說法，這些說法通常來自於皇家學會會員。曾協助測試第一個羅盤的赫欽森不想花太多時間回應那些低聲抱怨羅盤太貴的人：「好羅盤可以保住許多人的身家性命，但令人驚訝與不悅的是，我卻聽說有人在購買奈特博士改良的操舵羅盤與方位羅盤時，會感到猶豫不決。每當我買羅盤時，我總認為奈特博士的羅盤不僅值這個價錢，奈特博士本人也該值得眾人（做為一個貿易國家和海上霸權）的感謝，我們應該感謝他對這種重要設備付出心力並且進行許多改良。」

蒙騰與多德森出版了哈雷偏角海圖的更新版，他們認為羅盤一直受到忽略：「直到近年，明智的皇家學會會員奈特博士檢查了羅盤的組織與構造，運用他的磁學知識進行改良，現在終於達到極為完善的境地。」

羅貝森，皇家學會的數學家與圖書館長，同時也是《航海要素》的作者。他在書中寫道，羅盤的瑕疵以及「其他幾個不夠完善的地方，都已經被實至名歸的皇家學會會員奈特博士順利解決了」。

然而，儘管有這些奉承之詞，傳到耳邊的報告卻讓奈特深信，他必須開始著手改善他的設計，好讓羅盤在海上運作時穩定一些。奈特對自己依據磁學原理設計的單根指針深具信心，但是他卻完全忽略了羅盤盤面在海上的動力學原理，因此，他為盤面樞紐套座所做的新設計只是讓羅盤運作得更不理想。這也無妨，奈特還是深信他的新設計已經有很大的改進。一七六六年，他的羅盤在歷史上記下一筆，成了史上第一個獲得專利的羅盤：「一種製造一般使用的羅盤的新方法，可避免羅盤受船隻搖晃的影響。」

一七六六年夏天，海岸邊的流浪漢也許會感到疑惑，停泊在諾爾的三艘船隻怎麼突然間忙碌起來：巡防艦海豚號、戰艦燕子號，以及運補艦腓特烈王子號。有人從海豚號船長羅貝森那裡聽到一些傳言，說這三艘船將要往南航行尋找新大陸。羅貝森用一種浪漫的語調說著他喜愛的所有航海設備：「我們已經接收了兩個新發明的羅盤……這兩個羅盤都是著名的奈特博士發明的，對於它們指出的方位，我絲毫不感到懷疑。」

航行一週之後，羅貝森修正了他的看法：「這個羅盤似乎製造得不錯，我敢說它在平靜的水面及陸地上必能指出正確的方位。但是我擔心盤面的負擔太重，依我的看法，在海上航行時，船隻的搖晃或劇烈顛簸都會讓磁針旋轉得太快。」

到了十二月中，他們航經麥哲倫海峽，看到巴塔哥尼亞人獵捕長得像鹿的駱馬，羅貝森的看法得到印證：「船隻處於靜止水面時，新羅盤是非常適合觀察偏角的設備；同樣地，在岸上使用這種羅盤來觀測偏角的效果也不錯。但是在天氣惡劣的海上，船隻搖晃劇烈時，就無法測出正確的方位；指針不斷地繞圈，無法保持穩定。」

六個月後，海豚號一行成了第一批看見大溪地的歐洲人，並且初嘗熱情原住民女孩（她們頂著花冠頭，大腿上有刺青）的愉悅。這些愉悅的代價是海豚號的船身與甲板扭下的鐵釘。

羅貝森調查大溪地海岸時，另外一位越過半個地球的皇家海軍船長也同樣在調查島嶼海岸，只是他遭遇到的島民稍微不友善了點。一七六七年夏天是庫克船長（格倫維爾號指揮官）開始測量紐芬蘭曲折海岸線的第五個夏天，為了仔細測量，庫克必須搭乘小艇。經過這五個夏天，庫克發現相較於年輕時使用的舊式菱形指針和木盆羅盤，奈特的羅盤顯得很不穩定。在給海軍後勤部的信中，庫克認為自己會在紐芬蘭渡過第六個夏天，他同時要求後勤部能配發舊式羅盤：「奈特博士的操舵羅盤轉動得非常快，這種東西在小艇上幾乎派不上用場；雖然如此，我通常不得已還是必須使用這種羅盤。」

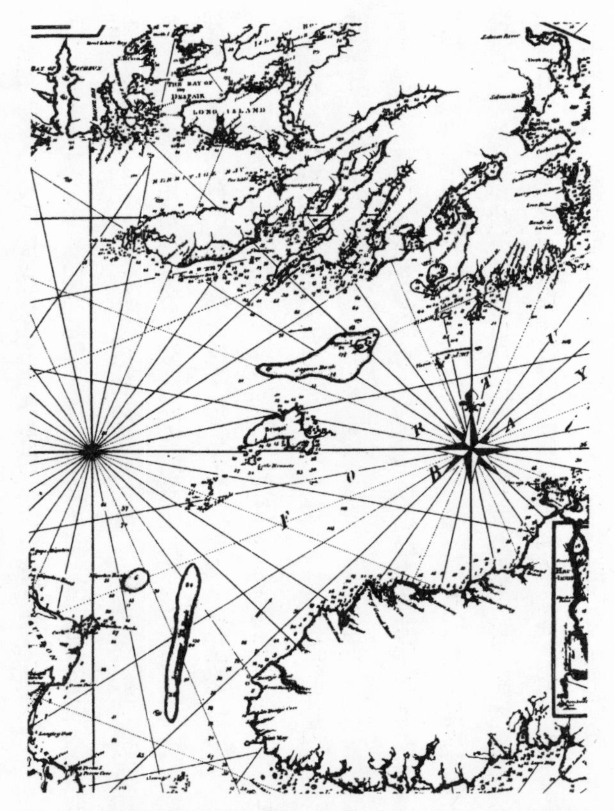

庫克繪製的紐芬蘭部分海圖，出版於一七六七年。海圖顯示了通常可見的恆向線以及能指示磁偏角的羅盤玫瑰。庫克的調查工作非常傑出，但是對於調查時使用的奈特羅盤，庫克的評價並不高，他認為這種羅盤在小艇上「完全無用」，因為它們的指針轉個不停。

送出這封信的一個月後，庫克被任命為奮進號指揮官，準備航向太平洋。在皇家學會評議會的兩次會議中（庫克被引薦為「觀察金星凌日的適合人選之一」），庫克見到了評議會成員奈特。在評議會會議中，奈特也許曾勸庫克修改一下對他的羅盤的負面看法，他宣稱新型的專利羅盤已經改進許多。

一七六八年的夏天異常炎熱，令人很不舒服，而這種狀況更因運煤工人——負責從煤船上卸貨的工人——罷工以及群起響應的煤船水手的狂暴行為而令人更形疲憊。幾個禮拜後，水手們不再堅持，開始自行卸貨，工人階級的團結於焉崩解。倫敦港區頓時成了運煤工人與水手的戰場，其他商船水手也受到無政府狀態的感染，走上街頭遊行，要求加薪。他們登上開往國外的船隻，強迫上面的船員卸下帆篷，撤下帆桁與中桅，並且逼船員上岸。甚至帽商——那是一個每個人都戴帽的時代——也加入罷工。

在這種不安的氣氛下，庫克還是必須準備他的船。他向海軍部提出許多要求，其中一項就是羅盤：「奈特博士已經改良了方位羅盤，也證明它比舊式羅盤的功用更大。懇請海軍部首長委員會能下令將奮進號交由我指揮，並裝備這種羅盤。」

因建造艾迪史東燈塔而聲名大噪的司梅頓也被找來，這次是要他設計一座便於搬運的木頭帆布天文台，用來放置金星凌日的裝置。

庫克與奮進號於一七六八年八月二十五日從普利茅斯出發，只見艾迪史東燈塔突出於海平面上。三年後，也就是在大溪地觀測金星凌日、繪製紐西蘭海圖、在澳大利亞差點遭遇船難，以及在巴達維亞遭遇死亡與疾病之後，飽受風吹雨打的奮進號才回到唐斯。庫克下船後隨即搭乘馬車疾馳前往倫敦，他隨身攜帶了所有的航行報告，其中有一份是關於奈特的羅盤：「敬領閣下之命如實稟報，在顛簸的海上，根本無法使用這種羅盤……。」

庫克還在太平洋時，就已經有人對羅盤發表了負面看法，而且還是公開發表。法爾康納《海事大辭典》的羅盤條目下有這麼一則註釋：

> 在此我們必須注意，奈特的羅盤之所以能優於既有其他種類的羅盤，主要而且唯一的原因是奈特的羅盤指針要比一般的羅盤指針更為精煉，因而有更強的磁力，這當然是明顯的優點。但是另一方面，經驗充分證明，而且事實也逼得我們指出，他用來平衡盤面的方法雖然使精準度比以前的羅盤還高，卻使得羅盤過於脆弱，無法抵擋風暴之海的震撼。

在法爾康納爆炸性的言論出現前十年，奈特就已經被任命為新成立的大英博物館首任圖書館館長，史洛恩爵士的自然史收藏品展出計畫正是奈特草擬的。「奇形怪狀的東西以及解剖上的準備工具……連同骨骼和其他解剖部分全都藏到地下室……因為這些物品並不適合所有人觀賞，特別是婦女和小孩。」

大英博物館正式對外開放是在一七五九年，但如果你想看展覽，還必須突破重重法令的限制。參觀者最晚必須先在參觀前一天提出申請，然後必須再次前往領取許可證，而且許可證不能在當天使用，完全是一派官僚作風。因此，如果你要真正看到展覽品，就必須去三次。所有的參觀者（一天限制六十個人）都要團體行動，由館員帶團參觀。參觀的最後一站在一樓，奈特在這裡展示他的磁鐵機器。

奈特及其三名助手擔任圖書館員，製作書籍和收藏品目錄，擔任導覽和守衛。除非奈特准許，否則這些助理都不能在夜裡離開博物館。不到幾個月，他們之間便爭吵起來，詩人格雷在信中約略透露了博物館內陰沈的氣氛：「我通常一天有四個小時是在安靜孤獨的閱覽室裡度過……當我說一切都很寧靜時，你要瞭解只有我們館員是如此，因為皇家學會、保管人及一般民眾都吵鬧不休，學院中的成員也一樣。館員彼此間互不往來……奈特博士將通往小屋的走道堵死，這樣其他人就必須得經過他窗戶旁的走道前往小屋。」

刻薄的奈特死於大英博物館中，但幾乎沒有人感到惋惜。六年後，海軍部無視於航海船員洶湧而來的意見浪潮，仍然決定採用奈特的羅盤做為英國皇家海軍的標準配備。

其中有一艘配發奈特羅盤的船艦是布萊指揮的慷慨號。船上的水手譁變，在讓船艦於皮特克恩島附近自沈之前，就先行將羅盤拆卸下來。一八〇八年，叛變者的藏身處被一艘美國捕獵海豹船隻——佛格船長的黃寶石號——發現，最後一名倖存的叛變者將羅盤交給了佛格。一八一三年，佛格將羅盤交給皇家海軍北美駐地的海軍上將指揮官：

我在船上修好羅盤，並且在返航時使用它，之後又由波士頓的儀器製造商換上新盤面。我現在把羅盤轉寄給閣下，雖然上面有額外的附加物，但相信閣下收到後應該會感到滿意。

然而，歷經險阻後仍倖存下來的羅盤還是無法擺脫消失的命運，正如大部分的奈特羅盤到最後都消失了（有兩件奈特羅盤的複製品收藏在波茲茅斯的皇家海軍凱旋號羅盤櫃裡）。儘管如此，奈特羅盤遺留下來的問題，「脆弱而易受震動影響」，啟發了其他羅盤製造者想出解決辦法。

不過，另外還有一個問題隱約浮現在水手及羅盤的視界邊緣，這個問題使得皇家海軍的弗林德斯船長花了數年的時間尋求解決之道。

11 只要有鐵就不行

一八〇一年一個燦爛的夏日，強勁的東風在英吉利海峽的蔚藍海面上吹出白色浪花，專注留意的海岸瞭望員帶著小型望遠鏡，躺在得文郡起始角邊已經修剪過的草地上，想著法國是否會從這裡入侵。此時，他們看到一艘船頭高聳的三桅船，大橫帆、上桅帆及中桅帆在清爽的微風中呈現滾圓形，聳立的船首則激起了白色浪沫，船隻就這樣順著海峽西行，往大西洋而去。

換個角度來看，起始角對顛簸的船上觀測員來說也有令人憂慮的利害關係，因為這裡出現了兩種羅盤方位，一種是測量磁偏角後所得的方位，另一種則是測量起始角後所得的方位。這兩種方位是從船上兩個不同位置取得的，一個在羅盤櫃，剛好位於後桅之前，另一個則在帆的下桁，剛好位於主桅之前，兩者的讀數差了五度。他們上次測得讀數相同的地點大約在船尾後方六十五哩處，當時他們正在聖阿爾班角附近。

這裡用的不是「劈羅盤櫃」測量法，而是一種搭配新型方位羅盤而採取的方法。這種羅盤是由一位沃克先生設計，由艦隊街的亞當斯製造，這使得它擁有近乎完美的血統。

沃克與奈特不同，他有好幾年的時間在海上商隊服務，一路從水手幹到船長的位置。一七八三年，他在牙買加落腳成為一名種植園主，但是過去的海上歲月還是驅使著他去思索（如惠斯頓）如何以羅盤偏角找出海上經度——並以此從經度委員會那兒得到金錢報酬（如奈特）。

往後十年，沃克一方面從事糖種植園的機械改良工作，一方面在涼爽的夜間發展測量經度的方法。這是一種複雜的方法，而且它和一般藉由磁偏角找出經度的理論方法一樣，所憑藉的觀念是全球磁偏角線的間隔具有規則及軍事上的精準度：這種理論和哈雷的全球磁偏角海圖相衝突。不過這並無大礙，沃克把這些惱人的例外歸咎於陸塊造成的偏差。沃克的努力最後結集成一本圖表，每隔兩度緯度與一度經度就標示一次偏角。克服了這道理論障礙之後，沃克知道測量海上的磁偏角具有不確定性，因此他開始設計並製造新型方位羅盤，這種羅盤可以在太陽升出海平面的任何時刻使用。

沃克的設計既精確又巧妙，他在羅盤盆上方裝了他自己設計的全向日晷儀，可以隨著緯度與太陽傾斜做調整。然後轉動羅盤，讓日光可以經由滑片上的小孔射到半圓形刻度的中心。於是，航海者可以看到標記在羅盤盆上的船首基線與羅盤盤面上的磁北極之間的度數差，這個讀數就是所謂的磁偏角。然後航海者就可以翻開沃克的圖表，對照船隻目前的緯度與磁偏角，就可以得出經度值。這就是在牙買加溫暖柔和的夜晚和青蔥的風景中想出的理論，但是它需要測試。

一七九三年六月，由皇家海軍領導的一支商船護航艦隊從牙買加出發前往英國，其中一艘海軍艦艇天佑號運載了一批相當奇怪的貨物。布萊船長（他在慷慨號的航行因喧騰一時的叛變而被迫中斷）完成了慷慨號的原先目標，將數千株大溪地麵包樹送到西印度群島，但是天佑號仍載著大約七百株不同物種的植物（全都栽種在花盆裡），運往位於邱依的皇家花園。布萊應該會暗自慶幸有一次最令人滿意的航行，而更令他滿意的還在於他將麵包樹送到牙買加，牙買加議會給了他一千基尼。麵包樹被大溪地人視為非常重要的食物，在糖種植園中工作的奴隸也用同樣的眼光看待麵包樹。

在船上，沃克受牙買加總督的請託踏上旅程，他將要孤注一擲，在海軍部面前展示他的新羅盤和理論。

兩個月後，植物與沃克都平安地在英國上岸，同船的還有年輕的海軍少尉弗林德斯，他前往倫敦的蘇活廣場送信給皇家學會會長班克斯爵士。這封信的寄件人是懷爾斯，他是天佑號上的植物學家，受班克斯的指派運送麵包樹，現在還留在西印度群島培育這些運送的植物。許多影響弗林德斯未來的機緣，就在此時交錯在一起。

沃克很快向經度委員會介紹了他的理論與羅盤，並準備出版他的經度方法；更重要的是，他說服了海軍部讓他的羅盤在四艘皇家艦艇上進行測試❶。

皇家天文台台長麥斯基林在一份給經度委員會的報告中表示，他對沃克的理論沒有那麼大的熱中，但是航海家卻支持新羅盤（即便他們不相信經度理論），因為這種羅盤在海上比奈特的羅盤穩定多了，尤其在磁偏角的測量上更是優越許多。一七九五年十月，皇家海軍決定採用這種羅盤；不過，由於這種羅盤比其他功能較差的羅盤還貴，因此當局設立了一道配發門檻：船長必須通過認證，證明他們精通這種羅盤。

然而，在這個好消息傳到沃克耳朵之前，皇家海軍光榮號船長道尼寫了一份羅盤報告。他指出，在光榮號上的不同位置測量磁偏角時，會有不一致的現象產生：

> 我深信大部分船舶的鐵數量以及跟鐵的距離會對指針產生吸引作用，根據經驗得知，在船上不同位置測量，得出的方向不盡相同；同時，兩艘船各自以自己的羅盤在相同的航線上航行，所得出的方向也不會彼此平行。然而，把這些羅盤拿到同一艘船上測量，得出的結果卻又完全吻合。

道尼的觀察並不新奇，早在一五三八年，葡萄牙印度艦隊的主領航員卡斯楚就已經注意到羅盤指針令人困惑的表現，最後指針竟然指到鐵砲上。卡斯楚推測，磁偏角的測量可

---

❶ 它們是無敵號、光榮號、女王號和山貓號。沃克搭乘的是無敵號。

能是因為「距離大砲、錨和其他鐵製品太近而受影響」。一個世紀後，史密斯船長（他在一六二七年《航海原理》的書名頁中提到，他曾擔任維吉尼亞總督和新英格蘭艦隊司令）警告，羅盤盒裡不能有鐵釘。六十年後，史德密船長在他的《水手雜誌》中警告，羅盤指針會受到統艙裡的槍砲或羅盤旁邊的鐵吸引而偏離。

庫克船長相當清楚鐵接近羅盤時所造成的危險。一七七六年，他在決心號上撰寫航海日誌時，對於希望能以這種方法找出經度的「偏角倡導者」提出尖酸的評論：「無論是誰，只要他想像他能將偏角測量的誤差值縮小到一度之內，則最後通常會發現自己完全被騙。因為除了儀器的結構或指針的磁力有瑕疵之外，船的運動或鐵製品的吸引，或者其他未知的原因，所造成的偏差通常不下於指針本身的問題。」❷

和藹可親的威爾斯是庫克第二次環繞世界時隨行的天文學家，經度委員會要求他們環

❷某些傑出的權威認為庫克（他們說他將腳鐐的鑰匙放在羅盤櫃裡）與布萊（他們說他將手槍放在羅盤櫃裡）並沒有察覺鐵會影響羅盤，但是，引用的資料卻顯示出庫克的確察覺到這一點。羅盤櫃的鑰匙這起事件（一七七七年十月三十日）發生在決心號停靠於大溪地時。收藏在羅盤櫃中的鑰匙是腳鐐的鑰匙，有個原住民偷了珍貴的六分儀，因此庫克在盛怒之下用腳鐐將他銬起來。布萊的手槍事件也發生在大溪地。有三名水手逃離慷慨號之後，手槍就被放在羅盤櫃中，但很快就又移往船長艙中存放。這些手槍就是克里斯欽叛變時使用的武器。決心號與慷慨號從來沒有在鑰匙或手槍接近羅盤的狀況下航行。

航時要測量磁偏角與磁傾角，而威爾斯也提到許多與羅盤有關令人困擾的問題。威爾斯指出，當船改變航向時，測量出來的磁偏角會有三到十度的驚人落差。不僅如此，威爾斯也從其他地方發現到：「在船頭的不同地方，甚至是在船的各個部分，所測量的偏角都大不相同。」

這種令人困擾的效應被稱為羅盤自差，從天佑號下船的年輕人弗林德斯就花了好幾年的時間調查這個羅盤之謎。羅盤自差猶如一種具有磁力的海上女妖所唱的蠱惑之歌，誘惑水手，使他們發生船難喪失生命。

一八〇一年，在名字取得恰到好處的起始角測量羅盤方位，而這也是弗林德斯探索之旅的開始──這場探索後來成了荷馬史詩中的奧德賽。這段艱困的旅程將讓弗林德斯遭遇危險與不安、疾病、同船水手溺死、船難、在無甲板的小船上航行，並且在外國小島上被囚禁了好幾年，之後才回到等待他的妻子身邊。幸運的是，對於黑髮的弗林德斯（當他看著英國海岸消失在船尾時，同時也抓牢東西以對抗船隻的顛簸。他左眼上方有一道疤痕，使他帶著一點海盜氣息）來說，所有的悲傷仍然籠罩在未來中，尚未出現。

也許我們該花點時間瞭解這名二十七歲的水手，提到他就不能不拿他和庫克做個比較，庫克是弗林德斯的偶像。二十七歲時，庫克還是煤船上的船員，在北海險惡的淺灘與沙洲間航行；不過必須說明的是，幾個月後，他就離開煤船參加了皇家海軍，並且成為一名能幹的水手。十三年後，庫克親自指揮駛出英吉利海峽，開啟了偉大的世界探險航行：奮進號於一七六八至一七七一年間環航世界。奮進號跟弗林德斯指揮的調查者號一樣，原本都是煤船，負責將英國北部地區的煤礦運到倫敦市中心。煤船的外觀並非流線型，船速也不快，但是就船身寬、吃水淺適合在淺水處航行、平底，以及足以裝載數個月的補給品和貨物來說，這種船是理想的探險船。

調查者號跟庫克的奮進號一樣，載運了餐桌上食用的牲畜、打獵的獵犬、抓老鼠的貓，以及各色各樣的平民：植物學家、藝術家與天文學家。這兩艘船成了對方鏡子中的景象，但是雙方指揮官的鏡中影像卻因彼此性格的不同而扭曲了。

兩人都是優秀的水手與航海家，兩人都特別注意並照顧屬下的健康；只要談到測量技術，兩人都熱情洋溢。不過，弗林德斯具有一種彷彿得了熱病似的狂熱特質，這一點在講求實用、冷靜以及如岩石般堅定的庫克身上較少看到。庫克的船員也許會愁眉苦臉地說，當他們在水手事務上或測量工作上犯了大錯時，「老小子會賞大家一記『海瓦』❸；不過，這場風暴只是短暫的，雖然破壞力強，但很快就會結束。弗林德斯屬於沈思型，他受

❸ 庫克底下一名海軍少尉受了一頓海瓦之後，將海瓦定義如下：「海瓦，南方島民的舞蹈名，跟庫克船長勃然大怒時在甲板上的狂暴行動及跺腳頗為類似。」

到從日耳曼滲入的浪漫主義運動影響，這是個經由席勒、歌德、盧梭、柯立芝、濟慈、華茲華斯、雪萊、拜倫、史考特而表現出的文學運動縮影。

弗林德斯生於地形平緩的林肯郡，家中三代以來都是外科醫生。他的父親希望兒子也能遵循家族的傳統，但弗林德斯卻在十六歲時加入皇家海軍。數年後，在回答《海軍編年史》有關他生平的問題時：「年少時期或各式各樣的軼事能說明個人的性格嗎？」他寫道：「從閱讀《魯賓遜漂流記》中，我被引誘走入了海洋，違背了朋友們的期望。」

從首次出海開始，一共十一年的時間，他經歷了暴風雨和風平浪靜、海戰、奇異景象、堅定友誼，但是唯有跟布萊一起搭乘天佑號前往大溪地的旅程，讓他嘗到了探險與測量的滋味。而布萊曾經與庫克一起航行過，因此他與弗林德斯崇拜的對象有直接的關聯。

弗林德斯搭乘天佑號回到英國之後兩年，又返回南半球，這一次他在皇家海軍信任號上擔任船長助手，引領杭特船長前往已經建立了七年的新南威爾斯雪梨灣的囚犯殖民地。新總督杭特是個非常能幹的測量員，而他也要求海軍部給他最完備的航海與測量儀器、海圖、繪圖紙與製圖工具，清單裡包括了沃克的方位羅盤。但海軍部卻拒絕了文具與製圖儀器的申請，他們粗魯地回應說：「長官要我轉告你，由於船隻得到的命令並不是進行發現之旅，因此他們認為船隻沒有必要裝備清單上所列的物件。」杭特瞭解測量工作的重要性，因此請求海軍部高層能重新思考。對方心不甘情不願地回答：「長官已經下令給你少量的文具進行海上測量，你應該有時會發現，要進行測量還必須動用到船上的小艇。」這對杭特來說是個小勝利，因為英國當局對於他們剛建立的殖民地附近的海岸線表現出可悲的無知，對於內陸的狀況更是無知得可憐。

在航向雪梨途中，弗林德斯與決心號的外科醫生巴斯建立起親密而持續的友誼。巴斯身材高大、打扮入時且具有吸引力，他比弗林德斯大三歲，剛好也是林肯郡人。而他嘲弄式的幽默大大緩和了較為嚴肅的弗林德斯，他們兩人共同孕育了遠征計畫。

他們的首次遠征幾近可笑。在航抵雪梨傑克森港之後七週，弗林德斯、巴斯和馬丁（巴斯的小男僕）登上有三根桅杆、十五張帆及十六門砲的大船，並且搭乘龍骨只有八呎的小艇航向太平洋。這艘船為巴斯所有，取名「拇指湯姆」，可說是船如其名。小艇如小孩的浴缸，在太平洋的大浪中浮沈，為這支迷你探險隊注入年輕活力。弗林德斯掌舵，巴斯控制帆，而年輕的馬丁則負責將船裡的水舀出去。過了一個星期，在探索了植物灣上游之後，三人返回雪梨灣並向杭特報告，而迷你的姆指湯姆也進入了澳洲歷史。

往後四年，他們有好幾次開著搖搖晃晃的船隻出港，其驚險足以讓現代的遊艇愛好者望之卻步或因敬佩而喝采。他們發現了分隔塔斯馬尼亞與澳洲大陸的巴斯海峽，並首次繞行塔斯馬尼亞一周。弗林德斯晉升為海軍上尉，負責指揮四十五呎長的縱帆式帆船法蘭西斯號；在多次航行中，弗林德斯注意到當縱帆式帆船的航向改變時，磁偏角就會產生令人困惑的變化。對於二十四歲的海軍上尉以及同行的威爾斯來說，羅盤的古怪行為是個難解的謎團，但是弗林德斯與威爾斯不同，他要打破這個謎團。

一八〇〇年秋，有一封信和包裹寄抵蘇活廣場三十二號，這是皇家學會會長班克斯爵士在倫敦的宅邸。在宅邸雄偉的外觀背後，則是會客室、亞當畫室、大型圖書館、植物標本室以及許多玻璃櫥窗，裡面保存了班克斯爵士的收藏品。三教九流，不管你的年齡、階級與國籍，都有機會熟悉這棟建築（這是一間好客的宅邸，再加上有個好客的主人）。在這裡，你可以看到陸軍與海軍的外科醫生、醫師、天文學家、數學家、物理學家、地質學家、園藝家、探險家及捕鯨人，他們要不是輕啜著中國茶碗中的茗茶，就是在早餐與晚餐餐桌上切肉。

他們的主人已經不是那位曾與庫克搭乘奮進號出海、品嘗著大溪地愉悅和參雜著象鼻蟲的船上餅乾的細瘦青年；相反地，他現在身材臃腫，而且飽受痛風之苦。不過，他的影響力就跟他的腰圍一樣大，英王喬治三世和政府官員都對他言聽計從。他將邱依的皇家花園轉變成世界最早的植物園，提議在新南威爾斯設立囚犯殖民地，並提出布萊的收集麵包樹之旅，以及帕克的奈及利亞之旅。這位精力充沛男士的興趣可說是包羅萬象（每次想到班克斯，就會蹦出兩句約翰生的句子。第一句是，一個男人心智的廣度與深度，與他的好奇心成正比；根據這個標準，班克斯可說是當之無愧。另一句是他對金主的著名定義：「一般來說，是指用蠻橫態度來助人的無賴，人們對此則報以阿諛之詞。」從這一點來看，班克斯是個最慷慨也最和善的金主，因此這句話不能用在他身上）。

送到蘇活廣場的包裹是弗林德斯寄的，他已經搭乘信任號回到英國，從雪梨返航足足花了七個月的時間，現在落腳在斯比特角。包裹裡裝著種子和植物（總是投合班克斯的心意），以及一封弗林德斯寫的信。弗林德斯在航行期間反覆琢磨並修改這封信，使其能盡善盡美，信中提到了弗林德斯對未來的構想。這是個大膽的構想：弗林德斯提議調查新荷蘭——今日的澳洲——的未知海岸，並由他率領一支探險隊前往。

對於一個默默無聞只有兩年資歷的海軍上尉來說，此刻提出這樣的建議似乎不是最好的時機。英國正與野心勃勃的法國第一執政拿破崙作戰，拿破崙幸災樂禍地在歐洲橫衝直撞，並且像打保齡球般將英國的盟邦全部擊倒；皇家海軍雖然對於納爾遜在尼羅河戰役中擊敗法軍感到高興，卻仍需盡全力進行封鎖和護航任務。而新的暴風雨警報從北方進逼，它以武裝中立的形式出現，背後的驅動力量則是拿破崙。武裝中立的國家包括俄國、普魯士、丹麥及瑞典，一旦這些國家採取中立，將會切斷波羅的海供應的麻、木材和焦油；這些產品是造船的必需品，而世上最大的商船隊和海軍卻又是由船隻構成的。

弗林德斯過了漫長而焦慮的九個禮拜，他的信跟種子看來似乎掉在貧瘠的土地上。之後很神奇地，他收到了回音：「班克斯爵士生病了，但他還是很樂意在蘇活廣場接見弗林德斯。」

弗林德斯在倫敦忙著安排海圖、巴斯海峽航向以及新南威爾斯海岸線的出版事宜，但仍把握時間拜訪班克斯。在這場重要的聚會之後，活動隨即展開：海軍部命令海軍後勤部讓武裝艦艇贊諾芬號起錨，進行補強，供應補給品，以進行為期六個月的海外航行。種種跡象顯示，班克斯早在和弗林德斯於蘇活廣場見面之前，就已經跟他的好朋友海軍大臣斯賓塞伯爵商討過此事。

贊諾芬號原本是一艘運煤船，被購入皇家海軍後就被當成武裝艦艇，擔負起護航任務。贊諾芬號比庫克的奮進號及決心號略小，為了在船上裝設甲板砲，必須在船身挖出一個個砲艙，船的結構便有些弱化。一八〇一年一月十九日，贊諾芬號更名為皇家海軍的單桅戰艦調查者號。幾天後，弗林德斯上船並且在甲板上檢閱船員，凜冽的風雪在他們的耳邊呼嘯，弗林德斯宣布自己接任指揮官一職，他為夢想的指揮權所下的賭注終於排除萬難、大獲全勝。

12 方位書

一八〇一年夏天，當調查者號經由起始角一路沿著英吉利海峽往波濤洶湧的大西洋駛去時，在地球的另一邊，兩艘法國船正小心謹慎地探索新荷蘭不毛又渺無人煙的西岸地區。諷刺的是，正是一八〇〇年秋天法國的探險航行，才讓弗林德斯充滿野心的探險計畫得以實現，並且加速了調查者號的航行準備工作。

船舶攜帶通航證似乎是一件不尋常的事，但是在當時那個較文明的時代裡，交戰國之間發給敵方客船或科學探索船通航證或安全通行證是很尋常的事。一八〇〇年六月底，弗林德斯尚未搭乘信任號回到英國，英國政府給予波丹船長和他的兩艘船地理學家號與博物學家號通航證。這些法國船員故做恭敬地說，這趟探險是為了環繞世界進行科學之旅。其實，他們的主要目的地是新荷蘭的西南岸。這項情報越過海峽傳進英國政府耳中，足以敲響海軍部及倫敦東印度公司大樓愛奧尼亞柱廊後的警鐘。

法蘭西之島（即現在的模里西斯）是印度洋上的小島，也是法國私掠船的巢穴，他們專門掠奪英國東印度公司載滿東方珍寶要運回英國的船隻。光是想到法國人要在新荷蘭海岸建立另一個巢穴，便足以讓整個董事會中風。此外——這更是糟糕——法國探險隊得到拿破崙的全力支持，而拿破崙就像瘋狗一樣完全不能信任。然而，神奇的是，弗林德斯及其探險計畫卻剛好在此刻出現，這樣的探險行動有可能發現前往東印度與中國的更短路程；除此之外——這一點大大引起了英國政府與東印度公司的興趣——這趟探險也能仔細監視法國在新荷蘭的殖民詭計。

接下來輪到調查者號從法國方面取得通航證。從法方取得證件需要時間，惱人的等待足足讓調查者號在下錨處擺盪了好幾個禮拜。但這並不是法國方面要把戲，而是因為英國外交部在申請通航證上表現出完全的無能與懶惰；相反地，班克斯為調查者號選定科學人員時，一點都不懶散，反而表現出驚人的體力。在調查者號探險隊誕生期間，所有的信件往來中有兩句話最為醒目，這兩句話出現在海軍部次卿內平寫給班克斯的信上：「只要是你的提議，我們都會照單全收，所有的事情都由你決定。」

前往新荷蘭西南岸的航程足足花了調查者號五個月的時間，在這五個月中，洶湧的海水也將調查者號船身上填塞隙縫的東西沖刷殆盡——曾有一度，海水從縫隙滲入，一小時內就淹到五吋深——而調查者號的桅杆、檣柱及索具也需要持續注意。

在弗林德斯調查的澳洲海岸中，沿澳大利亞大灣的海岸是最荒涼也最恐怖的。這裡綿亙了數百哩長、三百呎高的斷崖，斷崖上層是深黑色砂岩，下層則是石灰岩，裸露出的斷面則是古代海床，完全找不到一處理想的停靠點。從南方海洋捲起的浪潮彼此拍擊，越打越高，終於形成一整列令人望而生畏的巨浪；大浪挾著爆炸性的力量朝斷崖底部打去，頓時擊個粉碎。這是個充滿極端的地方：白天，熱得讓人無法忍受；到了晚上，卻又冷得要死。晝夜不止的強風不斷刮磨著這塊原始海岸，這片不毛而渺無人煙的土地延伸向北依舊是一片死寂，了無生趣，因此被稱為紐拉伯平原——無樹平原。

就在弗林德斯調查這段可怕海岸後四十年，有個極強悍的年輕英國人艾爾嘗試由東向西走，想開出一條陸上貨運路線；當他沿著海岸行走時，差一點就丟了性命。從斷崖邊凝視崖底，他看到褪色的鯨骨、巨龜的殼、年代久遠的船隻遺骸。艾爾是第一個穿越這片恐怖區域的歐洲人，即便是原住民也避之唯恐不及，他使用的地圖是弗林德斯的海圖。

海圖的製作就跟一般的海上測量工作一樣，不斷重複一樣的工作，費時、無聊又危險。海圖的代價是人命，有八名水手因為遇上潮激而翻船溺死，其中還包括了調查者號的船長席斯托，他曾與巴斯及弗林德斯一同航行於澳洲水域。

皇家海軍已沒有船長這個官階，即使是在弗林德斯的時代，船長這個地位曾有過的歷史與光榮也走到了尾聲。船長的責任包括航行船隻與製作海圖，並且在陌生水域時指示航向。船長與委任的軍官（海軍上尉、海軍上校等）不同，軍官沐浴在國王委任的光環下，船長則是由海軍後勤部指派，庫克與布萊在授階成為海軍上尉之前都擔任過船長。

席斯托的死對弗林德斯是個沈重的打擊，這兩人一起航行了數千哩，擁有堅強的友誼與相互的敬重。當他們還在英吉利海峽時，就已經注意到磁偏角測量上的差異問題；從那時起，弗林德斯與席斯托就仔細留意從船上各個位置測得的各種方位與磁偏角。隱藏的鐵很明顯是造成誤差的原因，於是弗林德斯下令仔細搜尋出「遺留在羅盤櫃附近的帆布釘、擴索錐或其他鐵製器具」，兩尊接近羅盤櫃的十二磅甲板砲也被移走，並安置於船艙中。現在，所有的方位測量都在羅盤櫃進行，弗林德斯認為，這個位置現在應該可以免於鐵所造成的任何隱藏效果——美中不足的是又產生另一種奇怪的現象。

當調查者號改變航向時——假定由東改為西——從明顯地形測得的方位也隨之而變。在理想狀況下，方位應該總是保持不變，而這種差異似乎與磁傾角的大小有關：傾角越大，誤差也就越大。更令人困惑的是，在南半球或北半球，誤差會倒過來。舉例來說，在英吉利海峽往西航行時，羅盤的偏角會過於偏西；在澳洲水域往西航行時，測得的偏角總是太小。這個羅盤之謎仍有待解答。

謎底就在得文郡水道測量局檔案館裡，它被稱為《方位書》；若是要說全名，這本弗林德斯努力所得、厚達三百二十九頁的里程碑稱為《探索澳洲大陸海岸時在英國皇家海軍調查者號上測得的方位，一八〇一、〇二與〇三年的指揮官弗林德斯著》。這是弗林德斯的哲人之石，他用數磅的紙張記載了數千個羅盤方位（這些方位也都附帶記上了日期、時間、船舶方向、磁傾角、緯度與經度），以此來合理說明羅盤指針出現的奇異現象。

當弗林德斯完成澳洲南岸（從李文角到豪威角）的測量時，他的《方位書》已經收錄了近一百頁共兩千五百個羅盤方位。

因遭遇潮激而不幸溺死的船員占了調查者號全員人數的十分之一，六週後，海平面出現一艘帆船的身影。弗林德斯要全體人員各就各位並且升起旗幟，接近的船隻則升起了法國旗。兩艘船都停下來，弗林德斯下令放下小船，然後划船穿過波浪起伏的海水前往敵方艦艇，那是地理學家號。上船之後，弗林德斯與波丹交換了通航證，並且很拘謹地用英文交談；即便弗林德斯身旁跟著調查者號一名會講法語的植物學家，波丹還是堅持講他那口破英語。在此同時，弗林德斯的船員所戴的袋鼠皮帽也讓法國水手羨慕不已，雙方便用共同的航海語言聊起天來。

博物學家號在一場暴風中與地理學家號走散，後者還因一艘小艇迷途折損了八人❶。次日英國船與法國船分道揚鑣，弗林德斯很快審視了地理學家號的狀況，發現這艘船外觀

❶事實上這些人並沒有死，他們在巴斯海峽被英國捕獵海豹的船隻哈靈頓號救起。

不整，船員則帶著壞血病的惡兆。這兩艘船將再度相遇，屆時彼此的境遇將大不相同。

和法國船相遇三個月後，調查者號駛入雪梨灣並停泊在總督碼頭，弗林德斯暗自慶幸他的船員都很健康，「船上每一個人都安然地站在甲板上，讓船順利進港」。調查者號的水手很快停好船並將帆布摺疊整齊後，以愉快又好奇（他們已經有六個月未能見過這般景象）的心情望著整齊美觀的殖民地，以及用石灰水粉刷過的總督府，還有往岸邊斜降過去的綠色花園；一列列小屋如同軍隊般整齊，周圍則圍上尖樁籬笆；滿是灰塵的街道；風車磨坊緩慢轉動著扇葉；碼頭邊的紅制服士兵（水手們稱他們是「龍蝦背」）。最讓他們感興趣的，則是穿著襯裙的婦女。船員中較有見識的反而注意到較不為人知、底層民眾居住的名為岩石區的地方。

他們對於港內的船隻也感到興致盎然。停泊在一旁的是兩艘皇家海軍艦艇，小型的測量用雙桅帆船納爾遜夫人號及海豚號；一艘英國捕鯨船迅捷號；一艘雙桅私掠船瑪格麗特號；以及囚船供應號。但是，還有一艘到目前為止港內最大的船，即法國船博物學家號。

由於船上缺乏補給品，而且有些船員因壞血病、營養不良而倒臥不起，因此船長阿姆蘭決定利用通航證尋求英國雪梨方面的幫助。阿姆蘭比弗林德斯早兩週抵達，對於英方的歡迎感到吃驚。生病的船員都被送到岸上的醫院，補給品也供應上來（即便殖民地此時也物資短缺），金恩總督還為法國船員舉辦晚宴及舞會，看起來通航證還相當管用。

一個月後，地理學家號也受到同樣的禮遇，但是這一次水手被壞血病折磨得不成人形，因此船隻必須讓殖民地的人與船——包括調查者號——拖到停泊處。金恩送了幾籃菜園裡的新鮮蔬菜給法國人，並且將病人送進醫院。自從博物學家號抵達之後，他也樂於將英法兩國締和的消息告訴波丹。

站在今日的貝尼隆海岬，望著雪梨灣對面的多維斯海岬，要構築出和一八〇二年那幾週相同的場景，恐怕需要進行一場不可能的想像跳躍；而在當時，英國與法國的水手正打算進行另一回合的測量工作。今日，我們站在屋頂如巨浪、如滾圓大三角帆的雪梨歌劇院的影子下，往雪梨港灣大橋的南端望去，左方聳立的是一座座難登大雅之堂的摩天大樓，看起來宛如從孩子的穀類早餐盒裡傾倒出來的快組塑膠都市景觀。在雪梨灣的海岬上，卡希爾高速公路與夾帶而來的無盡車流就這樣粗魯地橫掃過去；然而，歌劇院後頭卻是令人喜愛的皇家植物園，這塊地方是殖民地首任總督菲力普船長遺留下來的，他宣布總督府以東的區域永遠保留為公共用地。

與今日相較，一八〇二年的雪梨灣雖然看起來繁忙，但景象卻和諧許多，其中帶有一種田園風格的恬靜淳樸：靠岸的少許船隻前後起伏著，小漁船張帆前進，原住民則划著獨木舟。在岸上，就在今日這座有著難以置信的屋頂的歌劇院所在之處附近，地理學家號斜躺著，人們正修補著船身的銅製覆材。沙岸附近則搭起了帳篷，全都是英國船與法國船的帳篷，其中有兩個帳篷放置了英國與法國的天文觀測儀器，製造兵器的人則在煉爐和銅鍋旁工作。博物學家號下錨停泊，用硫磺、火藥與砷的強效混合物在船上煙燻了五天，為的是殺死為數達數千隻的鼠群。這些老鼠囓咬帆布與繩索，吃掉小麥與稻米——甚至寡廉鮮恥地嚼掉阿姆蘭的航海日誌——這些情景都由雙方隨船的藝術家畫下來了。

藝術家未能捕捉到的是弗林德斯埋首於《方位書》並繪製著海圖，他們也沒有捕捉到四名有罪的木匠將調查者號後甲板的船舷高度降低了。從羅盤櫃測量方位時，過高的船舷形成極大的不便；有時候，船在帆的壓迫下會傾斜，弗林德斯被迫要站到羅盤櫃上。

七月十四日——巴士底日——雪梨灣水域擠滿了單桅快船、小舢板及小艇，載著法國海軍軍官以及殖民地軍官與官員上調查者號。他們的制服鈕釦縫得緊實，一起在大船艙中聚餐，客氣寒暄，然後便敬祝第一執政與國王喬治三世政躬康泰。這場在酒精加溫下達成的衷心諒解是短暫的。

晚宴過後一個禮拜，調查者號在小型護航艦納爾遜夫人號陪伴下，駛向太平洋進行第二階段的測量——新荷蘭東岸及卡本塔利亞灣。

對於一些觀點奇異的海軍建築行家來說，納爾遜夫人號相當令人喜愛。它由皇家海軍的杉克船長設計，由狄普福承造。它是一艘小船，重六十噸，長五十二呎。它之所以聞名，在於它有三根活動龍骨（活動披水板），龍骨下降時，船可以吃水十呎；龍骨縮回時，則只能吃水六呎。杉克原本要將它設計成單桅及縱帆，但是被金恩（當時他還在英國，尚未就任新南威爾斯總督）說服，改成雙桅帆船。金恩認為：「幾乎沒有水手知道如何操作單桅帆船，改造成雙桅帆船可以讓一般水手更易於操作。」改變證明是一場災難，皇家海軍武裝測量船納爾遜夫人號成了一艘笨拙的船，當它試圖駛到迎風處時，能做的就是用一種顏面盡失、如螃蟹般的姿態滑行到順風處。不要緊，這艘古怪的小船——這是個荒謬但某方面來說卻又討人喜歡的海軍建築里程碑——還是設法從英國航行到新南威爾斯，並且締造了一個小記錄：它是首艘經由巴斯海峽而縮短了從好望角到雪梨航程的船隻。

從雪梨啟程後四個月，《方位書》很快就記滿了方位。測量的過程極為繁複辛苦，他們必須在淺水灘、爭先恐後的浪頭、炙熱的酷暑、蚊蚋以及紅樹林沼澤（現在則圍繞著珊瑚礁）中工作；而任務既然已經進行至此，弗林德斯便命令護航艦返回雪梨。在經過四個月、超過一千哩的海岸線測量後，納爾遜夫人號損失了活動披水板和鐵錨，四處漂蕩，宛如一條任性的小狗。弗林德斯憤怒地寫道：「納爾遜夫人號的航行狀況很糟，而且自從它失去了主龍骨和一部分後龍骨之後，就完全只能順風航行。納爾遜夫人號不只拖累了我們，而且還極有可能迷途；它非但不能保護調查者號的船員免於發生意外……反倒是需要我們時時幫助他們。」

將他們糾纏住的珊瑚礁就是大堡礁（弗林德斯創造了這個名字，使它成了著名的觀光景點）。納爾遜夫人號的上桅帆消失於海平面後兩天，調查者號發現礁群中有一處開口（現在稱為弗林德斯水道），於是便從此處航行，進入了珊瑚海的深水海域❷。

一個月後，調查者號穿過滿布珊瑚礁的托勒斯海峽（分隔了澳洲與新幾內亞）。又過了三週，他們進入卡本塔利亞灣進行測量，這時弗林德斯的指揮艙像篩子一樣滲水進來，有時一小時可達十二至十四吋，於是弗林德斯下令檢查船身。跟他懷疑的一樣，出來的結果是壞消息：調查者號已經開始腐朽，如蛀牙一般。濕熱的卡本塔利亞灣讓弗林德斯汗如雨下，他在航海日誌記下可怕的情況：「之前，在清新的微風吹拂下，一小時進水十吋，我們從這一點和現在見到的情況來判斷，用兩具幫浦恐怕都還有一點吃力；而在強風之下，海水的流速更快，船將不可避免地走上沈沒一途……但是，如果天氣一直保持晴朗而且沒有意外，船應該可以繼續航行超過六個月，而且不會有太大的危險。」

三個月後，大部分的船員都有嚴重的腹瀉，弗林德斯自己也因壞血病造成的足部潰瘍而行動不變。他決定停止測量，並且朝帝汶的古邦前進，《方位書》這時已經又記錄了兩千個方位。

熱病橫行的荷蘭殖民地古邦提供了必需的補給與飲水，但這些飲水最後證明是靠不住的。返回雪梨途中，有五名船員死於熱病與痢疾，另外有四名死在雪梨的醫院。

《方位書》協助弗林德斯繪成卡本塔利亞灣海圖（直到一九一二年都還沒有任何一張海圖能超越它），並解決了一部分羅盤偏角之謎，卻也因此付出了十九條人命的代價。

---

❷ 納爾遜夫人號的奇特事業仍持續著。失去鐵錨後，他們將澳洲橡木浸水，製作出一個鐵錨替代品。但是這塊獨特的木錨在返回雪梨的途中乾掉了，結果是為進港的納爾遜夫人號製造了一個驚喜，也讓雪梨的圍觀群眾雀躍不已，畢竟錨漂浮在水面上可說是難得一見。

13 弗林德斯的鐵棒

弗林德斯最關心的，就是抵達雪梨之後馬上將他的病人送到醫院。病人都安置妥當三天後，一份關於船隻的破損報告也確認調查者號已腐壞不堪，無法航行；事實上，負責檢查的官員對於調查者號竟能從帝汶苟延殘喘地回到雪梨咸感驚訝。不過，最讓弗林德斯懊惱的是，殖民地並沒有合適的船隻讓他繼續進行測量。

他也聽說法國人這幾個月來一直待在殖民地，直到十一月才離開雪梨；而在他們停留的這四個月期間，弗林德斯已經航抵了卡本塔利亞灣。

由於缺乏合適的船隻，弗林德斯的測量工作只好中止，於是他跟金恩總督想了一項計畫。弗林德斯可以搭乘皇家海軍海豚號返回英國，順便也帶著珍貴的海圖草稿、航海日誌及《方位書》回去；抵達英國之後，弗林德斯便可要求海軍部再派另一艘測量船給他，取代調查者號。

一八〇三年八月十日，海豚號駛向雪梨港入口處，甲板上擠滿了殖民地高級官員。正當海豚號就要進入太平洋水域之際，船停住了，寄往英國的信件與急件在此處進行移交，船員們歡呼三聲，殖民地的官員便爬下小艇返回雪梨灣，繼續他們平日的生活。

與海豚號同行的還有兩艘商船，加圖號與橋水號。一週後，海豚號與加圖號在距離雪梨大約七百五十海里處觸礁，無桅的廢船被擊成碎片。三人溺斃（其中有一個男孩，每次出海必遇上船難，所以他稱自己是掃把星），但有九十四人掙扎上岸，在略高於海面的淺灘上找到一個稍微安全的地方（後來被稱為海豚沙洲），剛好位於暗礁的後方。橋水號閃過了暗礁，卻幾乎沒有從事任何援救的努力。他們認為所有人都罹難了，之後便自顧自地駛向孟買❶。

弗林德斯身為高級海軍軍官，在海豚號破碎的船身上頭組織搶救行動。除了搬出飲水和補給品外，還必須搬出他的海圖草稿、航海日誌及《方位書》，這些東西都已浸泡在海水中。他也決定搭乘最大的單桅快船（重新命名為希望號）前往雪梨組織一支救難隊伍，剩下的人以及充足的水手常用資源則留在海豚沙洲，他們要利用自己從船難中搶救出的東西造出兩艘船，一旦希望號無法駛抵雪梨，船就可以派上用場。

發生船難十天後，弗林德斯與加圖號的派克船長以及十二名船員開始駛往雪梨。出發之前，弗林德斯將曬乾又帶鹽的海圖、航海日誌及《方位書》包起來裝在桶子裡，放在沙

❶ 三副和其他一些船員對於船長的行為感到錯愕，便在孟買離船。橋水號離開孟買準備駛往英國之後便失去了音訊。

洲的最高處。

十二天後，兩個衣衫襤褸的人打斷金恩總督與家人的晚餐。金恩起初還認不出這兩個陌生的幽靈，他們的衣服覆蓋著一層鹽殼，長滿鬍子的臉也因為被太陽和風剝了一層皮而滿臉通紅。他們是弗林德斯與派克。

幾天後，這兩個人再度出海，率領三艘救難船前往海豚沙洲。其中一艘是二十九噸重、在當地建造的武裝縱帆船坎伯蘭號。坎伯蘭號於一八〇一年下水，原本的任務是追捕以偷來的小船逃亡的犯人。它現在的新任務則是在弗林德斯指揮下航向海豚沙洲，載運海圖與航海日誌，然後經由托勒斯海峽航向英國。坎伯蘭號只有四十五呎長，我們可以不客氣地說，對於這樣一艘小船來說，要進行這樣的航程，野心似乎大了點。

弗林德斯啟程後幾天，很快就發現坎伯蘭號的各種缺點。它不僅搖晃、難以駕馭，而且滲水嚴重，必須每小時抽一次水；除此之外，船艙內老鼠、蟑螂、蝨子及跳蚤橫行。當污水潑濺出艙底、海水從破損的天窗傾洩而下時，弗林德斯只能坐在下風處的櫃子上，用他的膝蓋當桌子來寫航海日誌。

離開沙洲六週後，弗林德斯涉水上岸，接受大家的喝采與握手，以及從海豚號搶救出的甲板砲所鳴放的十一響禮砲。弗林德斯發現這些遭遇船難的人已經造好一艘輕快的縱帆船，而另一艘船的龍骨也安放好了。他寫道：「這是我一生中最快樂的時刻。」

三天後，將所有搶救來的文件全都收到大箱子之後，坎伯蘭號起錨並且順著盛行的東南風航行，前往托勒斯海峽以及遙遠返鄉之旅的第一段航程。

弗林德斯並不知道，坎伯蘭號正駛入戰區。亞眠和約被撕成碎片，隨風四散，英國與法國再度開戰。這場戰爭在好戰的拿破崙（不久就被加冕為皇帝）指揮下，註定是一場腥風血雨。拿破崙頒布的第一道法令可以看出整個風向：他下令將法國境內所有十八到六十歲的英國公民監禁起來。

他們在帝汶停靠，補充飲水，並且試圖修復過度使用的幫浦，但是沒有成功。他們找到了瀝青，用來填補縱帆船甲板上的裂縫，之後弗林德斯便航向印度洋，開始長達六千哩前往好望角的航程。過了三週，坎伯蘭號的漏水情況極為嚴重，只有一具像得了哮喘的幫浦二十四小時不斷地抽水。弗林德斯做了要命的決定，他改變航向前往法蘭西之島，尋求法國人的幫助。

他在航海日誌中寫下了做此決定的主要原因，以及「幾個較不重要的附屬理由」，但是當中有一個原因後來證明具有極大的重要性。弗林德斯在完全不清楚狀況的情形下寫道：「瞭解那裡的週期風與天氣、法國殖民地港口與目前的狀況，以及它與馬達加斯加的距離與依存度，這些資訊可能對傑克森港有用；另外，試著瞭解這個地方能否成為我未來航行計畫的一個便利中繼點。」

弗林德斯沒有這座島的海圖，因此必須求助於班克斯爵士送給他的禮物：《大英百科全書》的複本。從書中，弗林德斯得知島的主要港口路易港位於西北邊。

一八〇三年十二月十五日的黎明，海平面上升起了島的形影。三天後，弗林德斯發現，他用潮濕生蟲、令人不適的坎伯蘭號換來的，只是另一種不適：他被囚禁在蚊蠅孳生的潮濕房間，矮床上滿是跳蚤，上鎖的門外有衛兵戍守。他成了法國人的犯人。

與預期相反，法蘭西之島成了一個陷阱，他付出代價才得知英國與法國再度開戰。島上總督是難以應付的德康將軍，他徹頭徹尾奉行拿破崙的理念，並且痛恨英國人。德康注意到弗林德斯的通航證是發給調查者號而非坎伯蘭號，因此是無效的證件。弗林德斯的海圖與航海日誌被沒收，而德康邪惡的眼睛很快就被要命的十二月四日條目點亮：弗林德斯很明顯是個間諜。法國人如何使用通航證以及在雪梨如何受到熱情款待的事——德康其實很清楚這件事——卻完全沒有記下來，德康很清楚他的同胞花了很多時間在窺伺敵情——甚至繪製航圖，上面詳記了傑克森港的水深——並且評估小殖民地薄弱的守備。雖然如此，對於由革命律師轉變成軍人的德康來說，這些都是他敬愛的拿破崙皇帝所代表的新國家的現實政治。

德康無視於請願，仍然將弗林德斯當成犯人，在島上關了六年。幾個月、幾年過去，坎伯蘭號也在交換戰俘時被送回，弗林德斯逐漸相信，島上這名短小精悍、充滿惡意的總督就是復仇女神的化身。

那幾年，弗林德斯的健康惡化，右眼的視力減弱，並且飽受憂鬱症的糾纏。唯一能讓他支持下去的，就是重繪他在調查者號繪製的所有測量工作。有一些已經被鹽污損的書與海圖又交還給他（法國人已經檢查過了），但是在小島海岸炎熱與潮濕的氣候下，書與海圖很快就化為紙漿，因此弗林德斯必須謄錄與重繪，包括已浸濕的無價《方位書》。

他也寫作，有一篇論文〈論因航向改變而造成的調查者號磁針誤差〉寄給了班克斯，並且在皇家學會宣讀，之後刊登於《哲學學報》。一年後，他又寄了一篇討論氣壓計以及使用氣壓計預測海上天氣變化的論文——海上氣象學的先驅。

兩年後，弗林德斯向德康發誓絕不逃亡，並且承諾只在島中央新住所（比濕熱的海岸高出約一千兩百呎）六哩內走動，他的囚犯生活才稍微放鬆一些。

模里西斯（島的今名）是一座變化無常的美麗火山島，它有一段難以置信的歷史。位於熱帶地區，島上最寬的地方只有四十哩左右，模里西斯的海岸鑲著一圈旅遊書上才有的沙灘，寶藍色的海水中點綴著珊瑚礁。第一次被發現時，島上並沒有居民，十七世紀荷蘭人在此地殖民，取名模里西斯來表達對納梭的莫里斯王子的敬意。荷蘭人隨即獵捕後來成為世上最有名的絕種鳥類做為食物：圓胖、多汁、不會飛、如火雞般大小的笨笨鳥，又稱為嘟嘟鳥（源出葡萄牙語duodo，意思是愚蠢）。荷蘭人向阿拉伯人買了非洲黑奴在糖種植園中工作，並砍伐黑檀木森林；在這個熱帶天堂中，沒有路德派牧師的束縛和故鄉的單調天空，荷蘭移民在這裡過著恣意吃喝、愉快和懶散的生活。每一任總督都抱怨，這裡的居民把肚子當成神來崇拜。一七一〇年，荷蘭放棄這座小島，將居民遷到開普敦港，模里西斯就成了海盜埋伏襲擊荷蘭、英國與法國商船的安全避風港，這些商船從印度和東印度群島返回歐洲，載著許多珍貴的貨物。在荷蘭放棄小島五年後，法國宣布接管這座小島，並改名為法蘭西之島。六年後，第一批法國移民抵達。

法國將這座小島堡壘化，並且將它當成推翻印度英國勢力的跳板。在弗林德斯被囚禁之前，島上的主要收入來自於一群惡名昭彰的法國私掠船，他們幾乎全是不列塔尼人，由曾經搶掠過東印度公司船隻的緒爾庫夫領導。法國歷史將這班人大大頌揚了一番，認為他們是印度洋上浪漫的攔路大盜；但是對於英國船主與保險業者來說，他們只是既昂貴又讓人痛恨的東西。

弗林德斯被人從海岸移到島上高原處，有助於讓他心智恢復正常，同時也改善了他的健康。「避難所」是寡婦妲莉法及其友善家人的種植園，弗林德斯就住在這裡，這個園子位於威廉平原上，河流從兩側流經屋子和其他附屬房舍。弗林德斯發現自己置身於這樣一個地方：河岸長滿了花朵，溪水湍急，形成一層層小瀑布，小瀑布又匯集成大瀑布，霧氣中忽隱忽現的山峰，含羞草與芒果沿著蜿蜒的小徑生長，螺旋松葉在雨中閃爍。周遭浪漫的青綠景致（配上當時的文學與音樂，弗林德斯本身擅長吹笛），對於弗林德斯因囚禁與卑劣的德康而產生的受創心靈來說，是一帖慰藉的良藥。

在這樣的環境裡，他在「避難所」的生活讀起來就像珍・奧斯汀小說的熱帶版。早上起床之後，他先在河裡洗澡，之後就跟妲莉法夫人及其三個兒子（從七歲到二十七歲）和三個迷人的女兒（從十三歲到二十一歲）共進早餐。在這個充滿熱帶陳設的溫暖屋子裡，二十一歲的德爾芬很快就對這位黑眼珠、帶點憂鬱的英國人產生浪漫的思慕情懷。早餐之後，弗林德斯就開始處理他的海圖、航海日誌、論文，以及調查者號航行的草稿，並且學習法文。午餐在下午兩點，也是跟妲莉法夫人一家一起用餐。下午，他檢視最大的兩個女兒所寫的英文，而她們也檢視他所寫的法文，然後便一起閱讀兩種語文。運動，就是在附近的鄉間散步。喝過茶後，晚上他們玩紙牌、橋牌、雙陸棋，或者彈奏音樂，或者聊天，德爾芬喜歡與弗林德斯一起玩雙陸棋。一天的尾聲在晚餐，所有人都在十點就寢。

在這樣愜意的環境下，弗林德斯繼續進行船舶的磁力研究。弗林德斯在宣讀於皇家學會的論文中指出，對羅盤指針來說，吸力的焦點位於船的中心，也就是存放砲彈的地方。不過，他逐漸產生的結論卻是，任何鐵製品都會造成影響，因此也讓每艘船的焦點都不一樣；找到焦點所在，就可以用「反吸引物」將影響中和——將一根垂直的鐵棒放在接近羅盤櫃的位置。

一八一〇年春，英國陸海軍聯合部隊將法蘭西之島團團圍住；在交換戰俘之下，德康終於釋放了弗林德斯。對於弗林德斯的突然獲釋有各種的解釋，譏諷的說法是，德康知道他不可能戰勝想奪取小島的龐大艦隊與兵力，因此便與英國交換條件：德康釋放弗林德斯（他受到長期監禁這件事在歐洲已成了轟動的案子），但是英國必須寬大對待戰敗的法軍做為回報。

英國的確發動攻擊，德康也的確投降了。而最讓許多英國軍官不悅的是，法國的士兵和水手全都可以遣返回法國，德康跟他的屬下則搭乘英國的運輸艦返國。

不過，這些事情都發生在弗林德斯以自由人身分離開小島後的幾個月。一八一〇年六月的某一天，弗林德斯此時玩味的只有純粹的喜悅：「在歷經六年五個月又二十七天的監禁後，我終於能脫離德康將軍的掌握，心中的快樂自是無法形容。」

弗林德斯長期的旅程逐漸接近尾聲，但是回到英國與他的妻子團聚之後，他發現他的磁針論文雖然引起科學界的廣泛興趣，海軍部方面卻仍遲鈍地冷漠以對。

不過，他在解決船舶的磁力問題上還有許多事要繼續進行，最後幾年在「避難所」的懶散已不復見，現在一頭栽入了混亂的活動中。他必須為自己跟妻子在倫敦找到住所；家中高朋滿座；長年不在家中，有許多財務問題必須解決；有無數的會議要開——跟艾羅史密斯兄弟（海圖與地圖的印刷商）討論將要刻印的海圖的大小和數量；與班克斯及海軍部討論他的航海故事的寫作問題；與賀德船長（同時也是海軍的水道測量員）開會。

弗林德斯返回英國後幾個月，有一天早上，他聽到因法蘭西之島陷落而施放的砲聲，心中感到格外滿足。同日稍晚，他在《泰晤士報》與《倫敦報》上讀到了勝利的報導。

一八一二年初春，在一次會議中，弗林德斯巧遇沃克——他跟沃克已經有十八年沒有見面，但是他在調查者號上使用的卻是沃克的方位羅盤——這使得他重新思考羅盤偏角的問題。

會議之後，又過了幾個禮拜，弗林德斯寫信給海軍部，要求在希爾尼斯、波茲茅斯與普利茅斯等地的海軍艦艇上進行磁實驗，信中詳述他想驗證羅盤偏角理論的願望。另外，信裡也描述如何迴轉船隻，好讓羅盤能從岸上的明顯目標取得一整圈方位，這些方位必須分別從船上六個不同位置取得。海軍部以驚人的速度同意了所有的提案，並且下令由弗林德斯督導進行觀測。

到了七月，他將報告呈交海軍部，但是海軍部方面始終沒有閱讀這份報告，因為它給官僚們帶來問題。報告應該交由哪個部門處理呢？這種踢皮球的態度讓憤怒的弗林德斯在日誌中寫下罕見的刻薄批評：「海軍部裡沒有人覺得自己有能力對這個主題發表意見，因此沒有人願意管這件事；如此一來，發現的成果便有受人冷落的危險。」

最後，海軍部還是閱讀了這份報告並且做了摘要，但是海軍部認為這份報告對於皇家海軍軍官來說實在吃不消，因為裡面嚴厲批判了海軍部及造船廠挑選和管理羅盤的做法。所有的羅盤都是交由包商製造，卻沒有檢查，對弗林德斯來說，這是應該譴責的愚行，他建議應該要設立羅盤檢察員這個職位。船上的狀況也好不到哪裡去：「船上的水手長並不負責航線精確與否的問題，卻把羅盤交給水手長管理。羅盤並不拿出來使用，而只是放在儲藏室或帆庫中。或者，如果他是個謹慎的人，同時也有一點財產，那麼他會把羅盤放在自己房間的架子上或保險箱裡，也許還跟刀叉及擴索錐放在一起。」

弗林德斯在報告中總結了他從法蘭西之島以來的思索成果：羅盤偏角受到船首方向的影響，也與磁傾角成一定的比例關係；換句話說，船隻的磁緯度也會影響羅盤偏角。為了反制這種因船的鐵製品而造成的偏角，他建議使用「堅硬的廢鐵棒；至於長度，則必須要求一端頂到甲板時，另一端必須幾乎與羅盤盤面的高度齊平」。

海軍部要求弗林德斯刪節他的冗長報告，並且印行刪節本給所有的船長與指揮官。一八一二年的《海軍報》就曾報導這篇〈船舶磁學〉。

弗林德斯並沒有拿到或看到他敘述的調查者號航海故事的最後版本，他在人生的最後一年飽受膀胱炎和腎臟炎的痛楚，死前幾天已陷入昏迷。她的妻子認為，丈夫在人生的最後一年雖然只有四十歲，看起來卻宛如七十歲的老頭。

《澳洲大陸航海記》出版於一八一四年七月十八日，複本送到弗林德斯的倫敦寓所，他已經處於彌留狀態，而剛從出版商那裡出爐的兩本書就放在床邊的桌上。他於次日清晨病逝。

在這本書的長篇附錄中，他再次建議使用垂直鐵棒來修正羅盤的誤差。在模里西斯山上構思出來的觀念，終於成為數千艘船隻羅盤櫃的重要成分，但是在這個觀念（弗林德斯的鐵棒）真正付諸實行之前，還要歷經許多年的時間和許多船難。

14 軟鐵，硬鐵

班克斯爵士，臃腫，患有痛風，只能以輪椅代步，比弗林德斯多活了六年。不過，弗林德斯並非班克斯唯一伸出援手及友情贊助的水手，另一個受他幫助的是斯科思比；班克斯於一八二〇年過世時，他正在北極捕鯨。皇家學會會長邀請一名捕鯨人參加他著名的早餐會與晚宴，並與這個人維持十二年的書信往來，還將他介紹給科學界重要人士，背後的原因耐人尋味。班克斯對於奇人異士有識人之明，而斯科思比也的確是非凡之人。

身為事業成功的惠特比捕鯨船長（他跟斯科思比一樣名喚威廉。斯科思比總是以大寫字母來表示父親的名字，如同書寫上帝之名一般）之子，斯科思比於十歲開始接受北極捕鯨（船長就是他的父親）嚴酷的洗禮。在這場過早而嚴寒的啟蒙儀式之後，又過了三年，斯科思比所受的教育也開始定型。每年夏天，他們在北極捕鯨，冬天則在惠特比的學校接受較正規的教育；之後，到了一八〇六年，斯科思比進入愛丁堡大學就讀。

入大學之前的夏天，他以大副的身分跟隨父親的捕鯨船決心號出海。在這趟航行中，他們穿越了司匹茲卑爾根北方鬆散的浮冰，抵達北緯八十一度三十分處，這個獨特的地點使得決心號船員成為全世界位置最北的人。在高緯度地區，斯科思比父子注意到羅盤的表現遲緩，磁偏角也變大了；無疑地，這些現象使得老斯科思比後來寫信給他在愛丁堡念書的兒子，信上說，他應該把握「機會瞭解增強磁力以及為羅盤指針充上磁力的最好方法」。不過，父親總是如此，不斷地對兒子耳提面命。他寄了十冊莎士比亞作品給在大學念書的兒子，但不是要讓他產生「對戲劇的渴望」，而是要他從「作品裡隨處可見的語言」中學習，即便這種語言「與神學著作相比是淺陋了點」。

在愛丁堡，黑眼珠、身材高瘦、黑色卷髮、看起來表情豐富又聰明的斯科思比投到詹姆森教授門下。詹姆森因為有了一名捕鯨人當他的學生而激起好奇心，他鼓勵斯科思比參與他的北極自然史研究。後來意想不到的是，斯科思比送給詹姆森一頭北極熊做為禮物，這讓詹姆森頗為頭痛，因為他不知道如何安置及飼養這種動物。另一件意想不到的結果則是，一八二〇年，斯科思比出版了《北極地區記事》。這本書共分兩冊，是北極科學的里程碑，斯科思比將這本書獻給詹姆森。

從植物到海洋，北極的所有面向都被斯科思比用探索的心智進行詳盡的觀察。他是第一個描述並且精確畫出雪晶的人（直到發明了攝影顯微鏡，他的成就才被超越：《北極地區記事》描繪的九十六種雪晶，每一種的形狀都不相同）。他用冰來製作透鏡，先用斧頭，再用刀子，最後則用雙手磨光。他利用透鏡點燃火藥、熔化鉛塊、燃燒木頭；而最讓人驚訝的是，用透鏡點著船員菸斗裡的菸草。他發明了一種器具叫「潛水夫」，可取得不同深度的海水溫度。他採集並且素描了北極海微小的浮游生物，這種生物只有在顯微鏡下才看得見。他知道這種生物對北極地區極為重要：「因此，我找到了存在的依存鏈；一旦連結中最微小的部分被摧毀，整個連結就必定會毀滅。」他注意到食用北極熊的肝臟會有危險，吃過的水手要不是死亡，就是皮膚會像粉末般脫落❶。

有一次航行，斯科思比的船結凍在薄冰上，而鯨群會穿透薄冰到水面上呼吸，於是他想了一種極為獨特的捕鯨法：「我為自己製作了一雙冰鞋，用兩片薄樅木，長六呎，寬七吋。木片兩端極薄，中心則挖出一塊剛好能讓我的靴底踩入的空間，再用一圈皮革綁住我的腳趾頭。」用這種原始的雪屐（斯科思比並不知道挪威人發明了這種東西）在危險的薄冰上滑行，斯科思比用魚叉與長矛獵到了三頭鯨魚。

《北極地區記事》附錄的篇幅有十七頁，斯科思比在此討論了磁羅盤的問題。附錄的標題為〈論船上觀察到的磁針偏角異常現象〉，這篇文章被當成了一篇論文，於一八一八年寄到班克斯爵士手上，並且在一八一九年二月四日於皇家學會宣讀。

斯科思比針對羅盤自差——與論文題目不同——的調查，是以一八一七年夏天搭乘捕鯨船艾斯克號所做的測量為基礎。那年夏天，艾斯克號沿著格陵蘭東岸公海往極北處航行

❶ 北極熊的肝含有巨量致命的維生素A，一八九七年的瑞典北極探險隊全體成員就是吃了北極熊的肝而全數罹難。

——這個海域通常充滿了浮冰，船隻根本無法靠近。斯科思比返回英國後，將浮冰消失的事情透露給報紙知道。這則新聞引起了班克斯爵士的注意，便寫信給斯科思比，希望能得到更多資訊，而斯科思比也馬上回覆：

> 我在最近一次航行中發現，格陵蘭海域約有兩千平方里格的面積，包括從北緯七十四度到八十度之間的地區，完全沒有浮冰，而平常這裡應該是充滿浮冰才對。最近兩年，這裡的浮冰都消失了，極有可能是這些浮冰往南漂浮到溫暖的氣候區，並且在那裡融解了……若我有幸能率領一支探險隊，而非率領漁船，相信必能解決西北航道存在的謎團。要探索格陵蘭東岸應該沒有太大的困難，也許還能找出好幾個世紀前冰島人建立的殖民地下落。如果我的說明夠適切，相信這個遙遠地區蘊涵的利益必能讓政府動心，並組織一支探險隊……我極樂意嘗試這類任務，也就是說，我願意前去檢視東格陵蘭的島群或司匹茲卑爾根，特別是東半部，我已經有許多年未再造訪。

這兩個人持續通信，斯科思比在信中列出了這類航行的地理、商業及科學目標。科學部分包括了地磁，以及觀察磁偏角、磁傾角和磁力強度，還有調查羅盤自差。

這些信——班克斯將這些信交給海軍部——重新喚起了英國尋找由大西洋通往太平洋的西北航道的執念，它也促成斯科思比與海軍部次卿貝洛在班克斯蘇活廣場的宅邸進行晤談。貝洛是個大權在握但心術不正的官僚，他採納了斯科思比北極探險隊的想法（但是對外宣稱是他想出來的），並且向班克斯暗示，將為斯科思比安插一個職位。在與斯科思比的晤談中，貝洛表現出一副規避而粗魯的樣子，看起來，北極探險隊將會是由對北極冰況完全不瞭解的皇家海軍軍官來帶領。困窘的班克斯向斯科思比坦承，所有的軍官都已經任命了，但是還有「一些輔助職位」可以安排。斯科思比曾親身體會過皇家海軍的素質，因此他拒絕了❷。另一方面，讓斯科思比這個節儉的約克夏人心痛的是，他從倫敦返回惠特比的旅費必須自掏腰包。

斯科思比對羅盤自差所做的調查，距離弗林德斯未能揭露的真實法則已相當接近。斯科思比注意到，木船上有非常多鐵製品是以垂直的方向放置的：甲板上懸吊的彎管、釘子和螺栓，以及絞盤軸、錨爪、支柱、鏈盤、繫索栓、舵桿。這些鐵製物件都被地球磁場磁化，這種效應現在稱為感應磁性或磁感應。在北方地區，垂直鐵器的上端會顯示出南極磁性，他在艾斯克號演示了這種效應。斯科思比將羅盤放在絞盤頂端，剛好位於鐵軸中心的

❷一八〇七年，斯科思比自告奮勇，和其他惠特比捕鯨人一起協助將在哥本哈根戰役中俘獲的荷蘭船駛回英國，他對於海軍出現的體罰、酗酒和水兵素質的低劣有了深刻永久的印象。

附近，這時羅盤的指北端即受到軸頂（即南極磁性）的吸引。而將羅盤繞著絞盤移動，斯科思比則讓他的船員驚訝不已，這時船隻「行駛的航線與原先要行駛的航線剛好相反」。

他也推論出（這一點補充了弗林德斯的發現），船舶在高緯度地區出現的自差增加現象是由兩種磁力加乘所致：垂直的與水平的。當船駛入高緯度地區時，也駛入傾角增加的地區。在磁北極，傾角呈九十度，這種垂直磁力會增加船上垂直鐵器的磁力，但隨著地球磁場垂直分力的增加，水平分力也跟著減少，如此便會減弱磁極對羅盤指針的指向力。

斯科思比跟弗林德斯一樣，發現羅盤自差的最大值出現在船隻東西向航行時，南北向航行時則自差最小。斯科思比指出，巨大的自差會使人在驚訝之餘大感不悅。如果船隻有十度的自差（而航行者未考慮到這一點），往西航行三百哩，然後掉頭往東航行三百哩，這艘船並不會回到原出發點，而是位於距原出發點南方一百零四哩的位置。

斯科思比為船隻選擇的鐵製品被稱為「軟」鐵——容易被地球磁場磁化，然而，一旦磁場消失，就會喪失磁性——因此，當船隻由北半球往南半球行駛、接近磁赤道（磁傾角為零的地方）時，軟鐵物件將會失去磁性；等到越過了磁赤道，又會重新獲得磁性，但是磁性將會顛倒過來：在南半球，上端會變成北極磁性。此時，斯科思比的羅盤指北端在接近絞盤頂部時，將會被絞盤軸排斥，而非吸引。

瞭解羅盤指針為何會有怪異的行為是一回事，讓謹慎的航海家計算並做出正確的調整則是另一回事。斯科思比時代大部分的航海家都將測量與修正羅盤偏角當成自己的分內事，但是海軍部忽視了弗林德斯的建議，將一根垂直鐵棒放在接近羅盤櫃的位置，用來抵消羅盤自差的效應；而商船主和船長也都沒有聽從弗林德斯的意見。

然而，至少對這位科學航海家來說，援助就近在咫尺。一八二〇年，斯科思比出版了《北極地區記事》，同年有一篇談論羅盤自差的論文刊登在《布蘭德季刊》上，作者是楊格博士。楊格極為傑出，滿腹經綸，在劍橋大學享有盛名；由於他博學多聞，所以人稱「奇才楊格」。他被稱為「生理光學的創建者」，創造了「能量」這個詞，用來說明移動的物體藉由運動（動能）而產生的作功力量，而這種說法出現在每一本談論物質強度的教科書上，又稱「楊氏模數」；他不僅發現了像散的原因，也建立了光的波動理論。他是個背教的貴格派教徒，喜歡音樂與跳舞，語言才華包括了拉丁文、希臘文、希伯來文、迦勒底文、敘利亞文、波斯文、德文、法文、義大利文和西班牙文，也對羅塞塔石板銘文的解讀做出基礎性的貢獻。他也剛好是航海曆書局的局長和經度委員會的主任，同時也為海軍部寫了一份有關造船的報告。換句話說，海軍部對他這個人並不陌生，而他也將自己寫的有關羅盤自差的論文呈交給海軍部。

於一八一八年夏天派往北極的四艘皇家海軍艦艇返航了，這場兩面攻擊——兩艘船嘗試航向北極，兩艘船嘗試找出西北航線——以失敗收場，所有的船隻都受制於羅盤指針的反覆無常。在其中兩艘船上，羅盤的差異達十一度，要按照羅盤的指示維持平行航行是不可能的。另一艘船在搶風之前測得的海岬方位是東南，但在搶風之後方位突然變成了南方。指揮西北航線探測船的約翰・羅斯船長創造了「自差」這個詞，用來描述過去認為是局部吸引或磁異常的現象。他誤以為自差是受到冷、熱與風的影響造成的。

楊格論文背後真正的想法是，如果能在某個地方測量羅盤的誤差（自差），能否藉此預測出船隻往北航行進入極緯度區的狀況。楊格的計算產生了一個答案，就隱藏在一堆公式叢中：「更正表，將船隻持續吸引的力量對羅盤產生的規律效應清除。」

從英國出發之前，北極探險隊的船隻已經都測量過羅盤的誤差和磁傾角（使用磁傾針）；在他們航向北極的途中，測量仍持續進行，更正表中蘊涵的楊格理論與計算都與船上觀察到的結果吻合。一切都很令人滿意，唯一的缺點是，必須先測量磁傾角，才能從表中得出自差，而磁傾針——除非是在科學探險船上——並非標準的航海設備。

楊格就是掌握這樣的概念，也就是將木造船舶的磁性物質（此舉是為了修正羅盤）區分成「軟」鐵（很快就喪失磁性）與「硬」鐵（仍然維持磁性），並且將這兩種物質造成的影響列入考慮。楊格以這篇論文為現代的船舶磁性與羅盤修正理論奠下基礎，但是，一如海軍部以往的作風，論文最後消失在官僚的黑洞中——我們不禁懷疑，是否有任何船主知道楊格這個人及其理論。

弗林德斯的鐵棒建議也消失在同一個黑洞中，而在此同時，皇家軍官學校的教授巴婁也想出了一種修正方法，他將一塊垂直的鐵盤貼附在羅盤櫃上。這個圓盤又稱巴婁板，要安裝在正確的位置上必須費很大一番工夫，有時還會讓羅盤變得模糊不清；而圓盤中心突出的鐵釘，對於船員與舵手的生命更是一大威脅。有一些船隻配備了這種奇怪的發明，然而不久後，比不良鐵釘危害更大的問題出現了：船隻停靠在港口時，巴婁板或許能修正羅盤自差；但等到船隻航行到不同的磁緯度時——特別是航經磁赤道——羅盤的誤差就會擴大，這讓航海家頗為沮喪。這個消息傳遍了整個港區，於是沒有人願意再使用巴婁板。

巴婁也對海軍部在伍爾威治存放的羅盤狀況做了報告，他驚訝地寫道：「其中有超過一半的羅盤可當成破爛家具，應該予以銷毀，如同我們銷毀粗劣的錢幣一樣。這些羅盤放在這裡一點用也沒有，拿出去使用又會造成危險。」巴婁又說，這種羅盤「極為粗劣」，而且「技術只達到十八世紀初的水準，這對我們來說簡直是一種侮辱」。

這份報告同樣又掉入海軍部巨大的黑洞中。兩年後，海軍部又請巴婁檢查，他發現一切照舊。巴婁嘆氣並驚訝地說：「還是令人感到遺憾，英國海軍在其他設備上都做得很完美，只有羅盤（一種具有無可質疑重要性的設備，並且在船上是最不昂貴的）完全無法跟上時代的腳步。」

巴婁發表第二篇報告那一年，也就是一八二二年，有一艘外形極為奇特的船隻從泰晤士河出發，橫越多佛海峽到塞納河口，然後逆流而上直達巴黎。艾倫・曼比號的煙囪直徑有三呎，高四十七呎，不斷地噴出煙霧、灰燼與煤渣，明輪猛力拍擊黑暗的泰晤士河水，打出乳脂狀的泡沫，這是史上第一艘橫越海洋的鐵船。鐵製船殼鍍金及船身架構是在斯塔福郡完成，在泰晤士河碼頭以鉚釘釘起來，首航搭載的貨物是亞麻仁油和鐵。

它也搭載了不可見、不可知的貨物，即鐵船普遍具有的磁性：「硬」鐵的永久磁性，這種鐵受到敲擊和以鉚釘釘上時，會吸收磁力，並且維持磁性；換句話說，鐵船本身就是一塊永久而巨大的磁鐵。不過，對於羅盤影響更大的還在於艾倫・曼比號上的舵桿、支柱，以及最壯觀的、高聳巨大的煙囪，這些都是軟鐵，也具有磁性。

軟鐵與硬鐵結合在一起，證明具有危險性。在艾倫・曼比號首航後幾十年之內，越來越多鐵船從造船廠下水，也開始出現一些現象，使得水手、船主、海上保險業者和貨主心生警覺，不願再將貨物交由鐵船運送，因為這些鐵船似乎總是被羅盤指引到偏離航道的路線上。幸運的話，他們能活著回來；不幸的話，最後不是擱淺，就是發生船難。

弗林德斯、楊格和斯科思比的磁理論是以木船為基礎，相較於船上的「軟」鐵量，這種船含有的「硬」鐵量可說是微不足道。船舶一旦擁有鐵製船身與蒸汽引擎，將改變這種磁性比例；往後五十年，為了解決這些惱人的磁力問題，引起了無數的爭端與辯論。

15「包藏禍心的惡魔」

一八三一年六月的一個寒冷清晨，鄧達斯爵爺號，一艘鐵殼蒸汽船，在莫西河中攪動著泡沫，從利物浦出發，沿河進入愛爾蘭海。幾天之前，鄧達斯爵爺號在朗科恩與利物浦之間試航，船在河的入口處噴濺水花並猛力敲擊水面。工程師蘭尼認為這艘船相當脆弱並提出警告，他也聽說這艘船將要航往克萊德，於是勸告要搭這艘船的人都要穿上軟木製的救生衣。

這樣的觀點或許並不令人訝異。鄧達斯爵爺號是在曼徹斯特製造的，以蒸汽為動力行駛於格拉斯哥通往愛丁堡的運河上。它的鐵製船身有六十八呎長，動力則來自於一部蒸汽火車頭的引擎，可以轉動沿著中心線安放於槽中、直徑九呎的明輪。它的重量只有七點八噸，能浮在深度只有十八吋的水面上。

鄧達斯爵爺號的建造者兼設計者費爾本也許是注意到蘭尼的忠告，當船駛離莫西河時，他並沒有上船。當天下午，他搭上往來於利物浦與曼島之間的蒸汽郵船，尾隨在鄧達斯爵爺號之後。費爾本將會在曼島與船會合並檢查這艘航行了七十哩的船，但是他抵達曼島之後卻找不到鄧達斯爵爺號的蹤影。沒有人有它的消息，費爾本在激動之下，匆忙地從突碼頭前端跳上開往克萊德的蒸汽船。在格林諾克，當他問起鄧達斯爵爺號的下落時，每個人都搖頭。他非常憂慮，因為他現在發現自己要為六條人命負責，於是僱了一艘小船在克萊德海灣的康布里群島中尋找，但還是一無所獲，也沒有任何船難的消息。

最後沒有辦法，他回到了曼島的道格拉斯。在這裡，他聽說有一艘船跟他的描述吻合，並且停靠在十二哩外的蘭西。他租了一匹馬便直奔蘭西而去，當他越過最後一座山丘後，便看見鄧達斯爵爺號停在岸邊，船身光滑得就像玻璃一樣。然而，他的追逐仍未結束，岸邊閒逛的水手告訴他，所有的船員都在當地酒館裡喝酒；但是到了酒館，人家又告訴他，所有的船員都到內陸幾哩外的鄉村市集去了。費爾本又累又氣，就在酒館裡坐著，等他們回來說明為何神秘失蹤，然後又再度出現。

等到船員們高高興興地從市集回來、並且說明事情的原委之後，費爾本才知道鄧達斯爵爺號是因為羅盤而迷了路。從離開莫西河開始，羅盤航向非但沒有帶領他們前往曼島，反而將他們帶到了坎伯蘭岸邊（驚人的誤差，竟超過了五十度），於是他們停靠在莫爾坎灣過夜；換句話說，羅盤原本應該讓他們朝西北西行駛，結果卻往北方駛去。他們從莫爾坎灣出發，冒著猜測航路的危險，把船開到了曼島。

在搭乘鄧達斯爵爺號前往克萊德之前，費爾本努力修正因鐵製船身及引擎而造成的巨大自差。他將另一個羅盤放在岸邊，然後拿一塊鐵塊繞著運河船的羅盤移動，直到兩個羅盤的方向一致為止。費爾本寫道：「經過一番粗糙卻實用的修正之後，我們開始我們的航程，羅盤方向正確，沒有分毫誤差。」

鄧達斯爵爺號的船員雖然在愛爾蘭海上迷途，但他們很幸運。至於其他因為羅盤受鐵影響而迷途的人就沒那麼幸運了，因為在十九世紀上半葉，木製船隻的結構和裝置已經加入越來越多的鐵：船內對角線支柱、連接物、彎管、支柱、吊艇索、水箱。

一八〇三年三月，皇家海軍新建裝備有三十六門砲的驅逐艦阿波羅號，從愛爾蘭出發，擔任護航七十艘商船的任務。經過一週的航行，在某個凌晨的黑暗時分，驅逐艦與四十艘受保護的商船撞上了葡萄牙海岸，剛好就在蒙迪哥角北方。其他三十艘船則因為與阿波羅號的羅盤航向不同，駛向另一條航線，因此逃過一劫。阿波羅號的羅盤愚弄了不幸的船長，使他相信他們正航向一條距離葡萄牙海岸約有一百八十哩遠的安全航線。

另一艘皇家海軍船艦賽蒂絲號於一八三〇年從里約熱內盧出發，運載了價值百萬圓珍寶。經過一天的航行，賽蒂絲號認為已經離開弗里歐角有一段距離，於是在夜裡改變航向，以九節的速度朝接近弗里歐角的某個小島的斷崖駛去。起重機懸臂與船首第一斜桅像紅蘿蔔一樣啪一聲折斷，所有的桅杆都撞出船外，從船尾處開始沈沒，二十五人溺死。

幾年後，東印度公司的決心號在返回英國時經過英吉利海峽，船長認為船過於接近英國海岸，因此往法國海岸的方向駛去，結果造成一百零九人喪生。這艘船載了四十呎長的鐵製水箱，而水箱剛好就位於羅盤櫃附近。

這些災難都可以怪到羅盤自差頭上，但是木船上的羅盤自差較小；相較之下，日益增多的鐵船其羅盤自差往往相當大。有位建造鐵船的先驅，名叫雷爾德，他以伯根角（與利物浦隔著莫西河相望）為根據地，第一個劫掠的新材料是六十噸重、原本航行於愛爾蘭湖群的駁船，然後他取得在愛爾蘭內陸水道航行的明輪蒸汽船，接下來又取得美國出現的第一艘明輪鐵船約翰・蘭道夫號。這些船隻都已經預先拆解成幾個部分，然後再將這幾個部分運來重新組裝。一八三二年，也就是艾倫・曼比號歷史首航後十年，一艘明輪鐵船從利物浦出發，航向非洲西岸及尼日河。

對雷爾德來說，阿爾柏卡號的航行算是一次家族探險。這艘船由雷爾德的弟弟設計建造，由利物浦的商人團體出資，目的是要到非洲內陸進行貿易探險之用。阿爾柏卡號很小，只有五十五噸重，船身是鐵製的，甲板則是木造的。在開往奈及利亞期間，隨行的醫生注意到，「受到船隻的吸引，羅盤完全沒有用處」❶。

由於這是鐵船首次海上航行，因此這個消息讓雷爾德非常憂慮，他將希望完全放在這種新造船技術上。在海上乘風破浪的鐵船無法使用羅盤，這會讓宣傳的效果大打折扣。

❶ 這位醫生是探險隊裡的幸運兒。從英國出發的人當中，有三十九人死於瘧疾，只有九人生還。

然而，雷爾德是個精明的商人，當他建造一艘準備航行於夏農河下游和愛爾蘭西岸的明輪鐵船時，就已經看到機會，他要尋求聖喬治的奧援來宰掉羅盤自差這條惡龍。這位受驅使而戰鬥的聖喬治，手持著飄揚的白底紅十字聖徒旗幟：皇家海軍的白色旗幟。

一八三五年秋天，兩百一十噸的鐵船蓋瑞歐文號斜躺在夏農河的利麥里克，這艘船有兩具引擎，每具引擎擁有八十五匹馬力，可以轉動直徑十五呎六吋的明輪；煙囪高二十八呎，矗立在縱帆船索具的兩根桅杆之間。蓋瑞歐文號由雷爾德建造，船主是都柏林蒸汽郵船公司，在愛爾蘭的細雨中，船隻等待著留著腮鬍的皇家海軍支領半薪的指揮官來拯救它。雷爾德和蓋瑞歐文號的船主鞭策海軍部採取行動，強迫海軍部的長官處理鐵船羅盤自差這個棘手問題。

海軍部挑選了詹森指揮官來進行調查，他是一名有測量經驗也做過羅盤指針實驗的軍官。詹森帶著方位羅盤、櫃羅盤、經緯儀、磁傾角與磁強度的測量工具、笨重的巴婁板，以及巴婁教授和克里斯帝教授（皇家軍官學校數學教授）給他的建言，動身前往愛爾蘭和蓋瑞歐文號的等待之所。

由於利麥里克沒有繫船塢來旋轉船隻，因此詹森將蓋瑞歐文號移到塔伯特灣，使它能安全停泊，並且開始準備測量事宜。蒸汽船上出現了奇怪的木造結構：假的船尾樓，模仿的是皇家海軍軍艦的形制；木結構從船尾往水面突出；平台高高設置在前桅與前甲板上。這些設施都是要提供穩定的平台來安放羅盤，並且在平台上使用羅盤來測量附近山峰的方位。詹森的實驗經常因強風和下雨的影響而中斷，過了一個月，詹森發現自差的角度超過三十度，並且發現巴婁板無法修正這麼巨大的誤差。

他最重大的發現是在某次實驗中獲得的，在實驗中，他們小心翼翼地將蓋瑞歐文號朝碼頭上的羅盤拉去。當船隻拉到羅盤旁邊時，他發現羅盤指針與船首及船尾相對，並且往相反的方向偏轉；換句話說，蓋瑞歐文號是一塊一百三十呎長的大磁鐵，擁有北極與南極。這不是軟鐵的磁性，而是硬鐵的磁性：「建造鐵船時，敲打鉚釘可能會引發磁力，因此需要以羅盤測定建造時船首與船尾的方向，留意……船首與船尾產生的特定磁力性質是否由與磁子午線有關的船方向線引起的。」簡言之，船隻在建造期間坐落的方向會影響船的磁性。詹森的結論正是雷爾德最擔心的，他認為羅盤在木船上擺放的位置不能一成不變地複製到鐵船上。他唯一的忠告是，將羅盤往高處擺，使其脫離鐵的影響❷。他還提出另一個更重要的建議，這個建議也深深影響了日後修正羅盤自差的機械方法：「比較有效的做法，是探知另一塊放在給定位置上的磁鐵修正了多少偏轉角度。」

❷ 斯科思比在《北極地區記事》中提出了相同的建議：「因此，我在習慣上總是會將羅盤固定在桅柱頂部，有時會放在烏鴉巢裡，這樣就不會像放在甲板的羅盤那樣產生明顯異常的現象。」

詹森於一八三六年一月向海軍部呈交報告。兩個月後，海軍部水道測量員蒲福在皇家學會宣讀了這份報告，詹森的想法便流傳開來，後來《哲學學報》也刊登了這篇報告。

讓雷爾德非常不安的是，詹森沒能殺掉威脅他生意的惡龍；不過，蒲福卻在一旁伸出了援手。

在英國皇家海軍敬拜的萬神殿諸神中，有三個人物占有特出的典範地位：他們是探險水手庫克、戰爭水手納爾遜，以及水道測量局局長蒲福。

庫克位於倫敦的雕像上凝視的目光望穿了從林蔭大道蜂擁至白金漢宮的遊客，他的右測就是海軍總部拱門。納爾遜高站於石柱上，統治著特拉法加廣場上的流浪漢與鴿子。蒲福沒有雕像，只留下通行國際的風級表：這是一種航業預報的描述方法，讓所有的水手與聽者都能從描述的風與海面徵象中理解風力的大小——英國人所說的十級風，就等同於法國人所說的蒲福十級❸。

蒲福被任命為水道測量員時已經五十五歲（現在的水道測量員在這個歲數早就強制退休了），而當他在皇家學會宣讀詹森的報告時，已經當了七年水道測量員。在這段時間，

❸ 蒲福風級表上的十級風平均風速達五十四節，被描述為狂風。

海軍部建立了資金管道，讓政府資金源源不斷地注入科學領域。學術團體如皇家學會、皇家學院及英國學會都缺乏資金進行主要研究，牛津的科學研究已經逐漸消頹，而劍橋、都柏林及愛丁堡等大學的資源則僅能維持本土性的研究。

對最新科技具有年輕熱忱的蒲福成了科學與政府基金的理想居間人。由於他具有多重身分，因而得到不少幫助，除了水道測量員之外，他也是三個重要機構的成員與官員：皇家學會、皇家天文學會與皇家地理學會。另外，他的職務剛好負責並控制著格林威治天文台及其分支機構好望角天文台的經費。

一八二七至二八年間的泰晤士河測量工作使用了明輪蒸汽船，對蒲福來說，用蒸汽船來測量的好處很明顯。測深繩可以有系統地運轉，不管是平靜還是起風的日子，測量一點都不受影響。但是這種新式鐵殼蒸汽船的問題還是出在羅盤身上。

在皇家學會宣讀詹森的報告後，又過了一年，蒲福向海軍部指出：「許多例子顯示，操舵羅盤的拙劣危害到皇家海軍的安全，也耽誤了他們任務的進行。」蒲福又說，事態已經「相當嚴重，如果沒闖下大禍，那才教人驚訝」。他提議組成一個委員會——列了一張合適人選的清單——來注意這個問題，而為了讓節儉的海軍部上鉤，他建議委員會的運作不需要國家出錢。

三天之內，清單上的人選全都收到了海軍部的邀請，請他們於一八三七年七月二十四日到富麗堂皇的海軍部圖書館開會。他們將在那裡討論磁羅盤的不良狀況，並找出一些補救措施來對付這個「包藏禍心的惡魔」。

從蒲福將記錄寫好交給海軍部長官，到海軍部羅盤委員會舉辦第一次會議，中間只有九天的時間，這要不是顯示出驚人的效率，就是表示蒲福鴨子划水的努力奏效了，後者無疑較有可能。蒲福是個極有魅力的人，他在安靜的晚餐中以及在學會會議與他人的對話中試探著委員會成員名單，而當中剛好就有詹森。

海軍部羅盤委員會組成那一年，也是當時最大的鐵殼蒸汽船落成下水的一年。在總輪船航海公司的命令下，這艘船被設計用來行駛於倫敦與安特衛普之間。彩虹號是雷爾德的另一個作品，它的速度——宣稱可達到十四節——與五百八十一噸的高貴外形，加上優雅陡峭的船首與船尾、高聳的煙囪，以及縱帆式索具設備，使它成為港區人士談話的焦點；然而，在從莫西河前往泰晤士河的處女航中，它卻險些遭遇船難。船在威特島附近遭遇濃霧，視線模糊不清，彩虹號船長設定了他自認為安全無虞的羅盤航線，但是經過的漁夫卻警告他，他正朝著海岸直直駛去。為了處理彩虹號羅盤的問題，他們很快就擬定計畫。

一八三八年夏天，蒲福寫信給格林威治天文台台長艾瑞，即便蒲福與艾瑞的利益並非完全吻合，但蒲福還是請求艾瑞檢查彩虹號的羅盤與磁性。三十七歲的艾瑞於一八三五年被任命為天文台台長，他很驚訝地發現，格林威治天文台看起來似乎只是皇家海軍測試天文鐘的地方，而非科學場所。翻開信件參考簿，他發現八百四十封信件中有八百二十封與天文鐘有關。艾瑞暗自發誓要改變這個比例，他「心裡大略訂了一項規定，限制自己只能花多少比例的時間在天文鐘上」。

對於嚴謹而專斷的艾瑞來說，規定與命令是他整個人生賴以旋轉的樞紐。每一張小紙片都要保留下來——支票存根、給商人的便條、傳閱的文件、帳單、信件——對於這種執著所下的最悲慘評論出自他的兒子：「雖然逐漸年老體衰，但是他對秩序的執著與熱情卻有增無減。晚年時，他非常關心自己收到的信件該放在什麼適當的地方以供查閱，而他在意這一點更甚於信件本身的內容。」

艾瑞小時候還在寇徹斯特的學校念書時，就已因善於製造豆子槍以及有著傑出的記憶力而聞名。有一次考試，他背了兩千三百九十四行拉丁文詩。也許是靠著這樣的天分，他進了劍橋；等到後來他從劍橋畢業時，已經是一位傑出的數學家。之後，他被選為盧卡斯講座的數學教授、普盧米昂講座的天文學教授，以及劍橋天文台的主任。

一八三八年，在艾瑞的催促之下，有一棟磁力觀測所加入了格林威治建築群中。如此看來，蒲福在信中要求天文台台長幫他檢查船隻的羅盤也不能說有多奇怪了。

艾瑞讀了詹森對於蓋瑞歐文號的報告，察覺到影響鐵船羅盤的問題何在。他也注意到詹森所提的暫時建議，詹森認為應該使用磁鐵來殺掉這個包藏禍心的惡魔（自差惡龍）。接踵於哈雷之後，艾瑞這位天文台台長也將為航海科學做出貢獻。

16 自差，九頭怪獸

狄普福與格林威治兩地緊鄰，皆位於泰晤士河南岸，也共同分享著一段長遠的航海史。格林威治的背景是宮殿、花園，以及瓊斯、倫恩爵士、凡布勒爵士和霍克斯摩爾建造的冷色系優雅建築群；相較於格林威治，狄普福負載的歷史顯然少了一份堂皇與莊嚴。

當艾瑞走進格林威治皇家天文台成為第七任皇家天文台台長時，狄普福已經沾滿髒污長達三百年以上，它是皇家海軍的造船廠及裝運糧食場。水手們冷嘲熱諷地為這座裝運糧食場取了一個渾名「老象鼻蟲」，暗示他們船上裝載的餅乾與麵包不是什麼好貨；不過，對艾瑞來說，狄普福卻有著理想船塢可以讓彩虹號進行旋轉。

汽船被拖到船塢裡，艾瑞繞著船走著並選了四個位置放置羅盤。在船塢工人充滿興趣的凝視下，彩虹號小心翼翼地旋轉以測量自差。差異很大，某些方位甚至差了五十度。工作了幾天之後，艾瑞已經蒐集了大量數據，便開始處理這些數字，試圖從中歸納出某種規則。他現在等於是如魚得水。艾瑞是個極為重視方法的人，經常把數學描述成一種可廣泛運用的秩序系統。然而，讓他沮喪的是，一開始這些數字無法組成令人滿意的行列，還需要更多數據，這一次要測量每個羅盤位置的水平磁場強度，也要再測一遍每個位置的自差。有了這些額外的數據，行列就像聽從命令的士兵，依照著艾瑞的鼓聲往前走。

艾瑞花了幾天的時間在他的新磁力觀測所測量磁力的強度，他將用這些資料修正羅盤，並已經準備要進行大規模的創新實驗。八月二十日，工人送來磁鐵和軟鐵卷，他開始依照他整理過的數據來修正汽船羅盤。艾瑞將一根長二呎的磁鐵棒及一塊鐵卷定好位置以修正主羅盤，十四吋的磁鐵棒則放置於其他三個羅盤旁邊。彩虹號開始旋轉，船隻在控制之下緩慢地旋轉三百六十度的同時，艾瑞也透過眼鏡焦慮地凝視著。一切都很順利，艾瑞極為自豪地說，汽船的羅盤「現在相當精確」。

泰晤士河上的試航讓艾瑞更加堅信自己的看法是正確的。之後，滿懷謝意的總輪船航海公司為了回報艾瑞，便讓他跟他的朋友享受了一段慶賀成功的巡遊之旅，帶他們前往希爾尼斯再返回。九月九日，彩虹號在隆重的儀式下開始處女航，它將前往安特衛普，艾瑞則在船上陪同沿河航行了幾哩。艾瑞這位苗條、肩膀前弓且患有哮喘的聖喬治，明顯已經殺了偏角這條惡龍，這則新聞很快就橫掃整個造船業。

彩虹號首航安特衛普後一個月，艾瑞收到利物浦船東柯恩斯給他的一封信，此時柯恩斯有一艘新船正要出貨。他在信上表示，他已經風聞艾瑞在彩虹號的成功事蹟，艾瑞是否也能在柯恩斯的新船、同時也是世上第一艘鐵殼帆船鐵騎兵號上再顯神技呢?艾瑞花費了一些時間在彩虹號的羅盤上，影響了他嚴謹的工作日程，心情也連帶地煩躁起來。他在回信中略帶牢騷地說：「對於會給我添麻煩的事情，我沒有興趣。」之後，也許是為了讓柯恩斯打消請他辦事的念頭，他索性要價一百英鎊，這還不含修正鐵騎兵號羅盤的費用（他擔任天文台台長的年俸是八百英鎊）。讓艾瑞大感驚訝的是，柯恩斯居然接受了他的價碼；條件是，有其他船東找上他時，他必須也開同樣的價碼。另外，柯恩斯還提出這樣的問題：船隻首航到巴西，羅盤能否全程保持修正的狀態？艾瑞向他保證，只要羅盤修正過了，在「全球每個角落」都會維持修正的狀態。

十月二十五日下午，艾瑞搭乘火車北上利物浦，在皇家飯店與鐵騎兵號船長談論新船的狀況，同時向他提出協助的要求：木匠，以及三名能讀取羅盤與經緯儀讀數的助手。也許是後悔自己索費太高，艾瑞不僅修正了櫃羅盤，也修正了船長艙內的倒掛羅盤❶。

即便船的櫃羅盤位於鐵製船身上方十三呎處，船長還是信誓旦旦地向艾瑞指出，這個羅盤需要大大地修正一番。艾瑞聽到之後，決定更換原先在彩虹號上使用的修正磁鐵與鐵卷，改成三個磁鐵但不使用鐵卷。然而，當艾瑞進行首次測量時，惡劣天候、狂風與暴雨卻使得鐵騎兵號無法旋轉，這使得艾瑞頗為沮喪，他甚至產生一個念頭，覺得自己當初不該決定北上。格林威治的幽靜在呼喚著他，於是在大略修正之後，艾瑞便離開利物浦的風

---

❶ 倒掛羅盤掛在船長的床鋪上方，藉由這種方式，船長躺在床上時便能檢視船的航向。這種羅盤的特徵在於，羅盤盤面上指東的方位點與指西的方位點剛好相反。

雨和充滿油汙的碼頭，回到皇家天文台森林的寧靜中；天文台棲息於克魯姆之丘的茵茵綠草上，正好俯瞰泰晤士河。不過，在離開之前，艾瑞留下了一份最確切的書面指示給鐵騎兵號船長，讓他做好磁鐵的最後定位工作。

許多人聽說鐵騎兵號是世上第一艘鐵殼帆船，而且還是運用磁鐵來修正羅盤的鐵船，於是便利用鐵騎兵號駛離布朗斯維克船塢首航前往波南巴可之際，前來歡送船隻出港。兩個月後，艾瑞從柯恩斯那裡得知，鐵騎兵號已經抵達巴西，羅盤也保持正確無誤，唯一的問題是天氣不好時，櫃羅盤非常不穩定，無法提供駕駛之用。艾瑞只能下結論說是盤面太重或指針太弱。利物浦報紙上刊登的短文並沒有提到櫃羅盤的問題（倒掛羅盤證明在惡劣天候下仍然相當穩定）：

> 鐵船：第一艘用鐵製造的帆船建於利物浦（人們將會記得這一點），並且命名為鐵騎兵號（名字取得恰如其分）。鐵騎兵號航向波南巴可，花了四十七天的航程抵達。其中最令人感興趣的是，或者我們應該說，最令人感到焦慮的是，鐵是否會影響指針。我們要高興地宣布，在整個航程中，羅盤一直都正確無誤。因此，無需恐懼，就算在鐵殼航海船上，羅盤也總是能保持正確。

這個消息讓所有建造鐵船的業者鬆了一口氣，因為有謠言說，一旦離開修正地點到了遙遠的海上，艾瑞的修正方法就會不管用。尤其是雷爾德，他終於能放下心中大石。他正與東印度公司的秘密委員會協商，準備建造兩艘鐵殼砲艇（雷爾德稱它們是蒸汽護航艦），而這兩艘船勢必要航行於距莫西河非常遙遠的海上。

首艘砲艇復仇女神號的龍骨於一八三九年夏天安放完成，它於十一月舉行下水典禮，十二月試航，並於一月中旬做好首航準備。它的長度有一百七十三呎，重達六百六十噸，在滿載煤炭、飲水、補給品和航行用品的狀況下，仍可航行於六呎深的水域。航行用品包括了軍需品與火藥，專供兩門可旋式三十二磅砲、數門六磅砲以及一門康格里夫火箭器使用。它以兩具六十四馬力的蒸汽引擎轉動明輪，細長高聳的煙囪豎立在甲板上，剛好位於主桅前面；綁上索具帆布之後，就好像雙桅快帆船的前桅。它有防水的艙壁。由於是一艘平底船，因此擁有兩根能在船體內滑動的龍骨，以防船在航行時倒向一邊。對於觀察力敏銳的人來說，吃水淺就表示這是一艘使用於淺水區域的砲艇；雖然有人表示這艘船將開往黑海的敖德薩，但明眼人一看就知道這並非實情。而事實也的確如此，這艘船的目的地是中國珠江，麻煩正在當地醞釀，中國人從英國、印度、法國與美國商人手中扣留了兩萬箱鴉片，並且將這些「番鬼」囚禁了起來。

復仇女神號運用艾瑞系統的磁鐵修正羅盤後，偽裝成「民間武裝汽船」從利物浦出發——即便大部分船員剛好是皇家海軍的士兵。兩天後的一個冬日清晨，它猛烈撞擊了康瓦耳北岸聖艾夫斯灣的礁石；由於羅盤的錯誤，他們偏離了航線二十哩。

幾天後，復仇女神號進了波茲茅斯的皇家造船廠，工人像螞蟻一樣爬到船上❷。復仇女神號突然出現給了造船廠的克勒茲一個機會，他可以藉此檢查船隻，並比較鐵船與木船在結構上的不同。他對雷爾德的作品留下深刻的印象，但是卻在頗具影響力的《聯勤報》上發表了一篇文章。他說：「鐵對羅盤產生的效應似乎是這些船隻遭到拒絕的最主要原因。」克勒茲在文章末尾對天文台台長（這樣的人早在學院特有的內鬥文化中經受鍛鍊，並且習以為常）發動了不明智的攻擊：「艾瑞教授在《哲學學報》上發表的論文是一本封上印記的書，只供高知識份子閱讀。」無知的克勒茲寫道：「他有能力起這個頭，就應該將內容（不管是理論還是實踐）簡化到比現今所需的知識標準還要低的水準——其實，就是把水準降低到不需教導、光憑常識就能讀懂的程度——做不到這一點，他就不能說他已經完成了這項任務。」

天文台台長對文章的憤怒回應來得又快又致命。在下一期《聯勤報》刊登的長信中，艾瑞指出鐵騎兵號船長早在「早餐之前」就已經修正好羅盤了，如果克勒茲能花個十分鐘

❷ 復仇女神號修復之後，於一八四〇年三月二十八日駛離波茲茅斯。根據《泰晤士報》的報導，它的出航「得到海軍部發給的裝備武器與開火特許；果真如此，它要對付的目標就一定是中國人」。幾個月後，在經歷了充滿戲劇性及冒險性的航向珠江之旅後，復仇女神號於一八四〇到一八四二年的鴉片戰爭中扮演了殘暴而積極的角色。

弄懂他給船長的指令——「在論文的第二百一十頁，最後也是唯一一段」——或許也能修正任何一艘鐵船上的羅盤。在波茲茅斯對砲艇進行旋轉測試時，就已經證明復仇女神號的羅盤的確非常不精確。由於復仇女神號在莫西河上進行的首次測試是由艾瑞指導的學生進行的，而艾瑞又非常信任這個人，因此艾瑞認為船上的羅盤一定被挪動過了。「如果羅盤高或低個二或三吋，所造成的誤差將跟復仇女神號的羅盤差不多。」

艾瑞首次運用修正方法是在彩虹號上，經過改良之後，使用的工具已經變成三塊固定式磁鐵和兩箱鐵鍊堆。造船的時候，敲打鉚釘會使船吸收磁力，使用磁鐵可以調補船隻吸走的磁力（稱為半圓自差），而鐵鍊則可以調補水平甲板樑的感應磁性（稱為象限自差）。然而，與其說自差是條惡龍，不如說它是隻九頭怪獸。艾瑞也許深信他已經用磁鐵割下了兩顆頭（半圓自差與象限自差），但還有更多頭留了下來——傾斜自差與六分儀自差——它們很快就讓人對修正羅盤的機械方法產生懷疑❸。

然而，任何羅盤，不管是已修正還是未修正的，它的可靠性到底如何？蒲福的努力促成了海軍部羅盤委員會的誕生，但是這個委員會對於羅盤的改良真的有所助益嗎？

---

❸ 關於這些令人驚異且繁雜的自差，詳細內容請見〈附錄〉。

一八三七年夏天，某個溫暖、潮濕而多雲的日子，海軍部羅盤委員會的首次會議在海軍部圖書館一個優雅的房間裡召開。與聞許多政府會議的《泰晤士報》非但沒有提起這件事，反而是將更多注意力放在某位從汽球上跳傘下來慘死的考金先生；相較之下，海軍部羅盤委員會要比這個不幸的傢伙成功得多。

當天潮濕天氣裡聚會的六人包括：海軍部水道測量員蒲福與指揮官詹森，以及詹姆士・羅斯船長，他是著名的北極探險家和磁北極發現者，同時人們也稱他是皇家海軍最英俊的軍官；薩賓少校，羅斯的朋友，他曾兩次以天文學家及地磁專家的身分參與北極探險；克里斯帝教授是皇家軍官學校的數學家，同時也是磁學專家；賈維斯船長，他是測量員，曾在孟買工兵部隊服務過。

往後三年，委員會成員檢查、測試並分析許多英國製與外國製的羅盤：指針、盤面、軸針、軸帽、羅盤盆與平衡環。沒有一個羅盤合乎委員會設定的理想羅盤標準，唯一的解決方法，就是由他們自行設計、製造並測試理想羅盤。他們製造了原型羅盤，然後在海上進行測試，直到原型羅盤能達到設定目標，委員會才感到滿意。一八四〇年六月二十九日，他們將發現所得製成報告，寫出一本大部頭的著作（就在當天，有一個原型羅盤隨著詹姆士・羅斯船長及一八三九至四三年的南極探險隊出發，他們搭乘的船隻是皇家海軍的黑暗之神號與驚恐號。每當羅斯發現新的陸地與島嶼，就以委員會成員的姓名來命名：蒲福島、薩賓山、詹森角與克里斯帝角）。

報告上要求海軍部依照最終的羅盤設計製造出十二個以上的羅盤，並且對這些羅盤進行更深入的測試。報告更進一步指出，羅盤應該安裝在船上自差最小的樑柱上，旋轉船隻時，要不斷地觀察自差值，並將自差值逐一記錄下來，同時不使用磁鐵修正羅盤。簡單地說，這個羅盤將被當成船上的標準羅盤，船隻要使用這個羅盤來航行並取得方位，它將做為櫃羅盤的對照組。海軍部標準羅盤（一型）和皇家海軍修正自差的方法就這樣誕生了❹。

標準羅盤是乾盤面羅盤，盤面直徑七又二分之一吋，黑白分明使它看起來更顯優雅。盤面標出方位點，而方位點之間又細分出四等分的小格方位點，以大百合花徽表示北方方位；盤面以軸針定位，置於黑漆銅盆中。軸針用鋱製成，套入藍寶石軸帽裡。既然是方位羅盤，就有方位環，方位環從零度到三百六十度每半度做一個刻記。羅盤有兩個游標尺，可以讀取弧度到分的位置。稜鏡有黑色遮光棚和可摺疊的瞄準器，用來取得天體方位。不過，標準羅盤最不尋常的配備隱藏在盤面下方，除了羅盤指針外，標準羅盤還有四根指針和一塊黃銅環圈，如此便可去除單針羅盤最壞的缺點：奈特羅盤最常出現的狀況，就是沈重的單針容易與船隻搖晃的方向成一直線。

羅盤盤面下的複數指針在以前就曾經嘗試過。一七七〇年，丹麥的羅盤工匠魯斯就曾經在羅盤中裝了兩根指針，過了約十三年，他開始製造有四根指針的羅盤。不過，複數指

---

❹ 海軍部標準羅盤也許是最長命的羅盤，它一直使用到一九四四年。

針的問題在於，它們必須以正確的方式排列；而薩賓少校之所以能知道排列的方式，是有一位極為傑出不凡的人士告訴他。

史密思，格拉斯哥富商之子，接踵於艾瑞之後，也從劍橋大學三一學院畢業，他同時通過劍橋大學高級數學競試——對那些瞭解劍橋中古傳統的人來說，這些資格意謂著史密思是優秀的數學家。艾瑞的休閒活動剛好是散步，史密思則是航海。史密思自己擁有一艘小遊艇，他最喜歡做的事情就是沿著蘇格蘭西岸巡航。當海圖沒有適切地標出偏僻的停泊點時，他會自己畫上去；從航行中，史密思發現了航海羅盤的問題。

他給薩賓的建議是，依照數學公式將四根指針排列在軸針兩側，如此便能讓單針不會因船隻搖晃而旋轉。幾年後，他在偶然間以數學再次證明這種排列也能修正強大的單針羅盤固有的自差問題（這種羅盤就算經過磁鐵和鐵鍊的修正，也還是會有自差）。

海軍部羅盤很快就被各國海軍採用，其中包括美國。一八四三年，詹姆士・羅斯從南極返回英國。同年，有一份備忘錄在皇家海軍流通，裡頭將海軍標準羅盤與天文鐘並列為珍貴的航海設備，這兩種設備現在都交由船上的指揮官特別管理；不論何時，只要羅盤在船與船或船與岸之間移動，都必須有艦長或軍官在場。羅盤存放在特殊的羅盤櫥裡，羅盤櫥的鑰匙由船長保管，詳細的指令則與備用羅盤及盤面一起存放在倉庫中。弗林德斯想設立羅盤局及羅盤檢查員的夢想終於實現，而其幕後推手則是蒲福。詹森與蒲福一樣同為委員會成員，他被晉升為海軍上校，並且被任命為新成立的羅盤局局長。羅盤被雜亂堆放到水手長儲藏室的日子終於結束了。

海軍部決定採用未修正的羅盤，此舉和商船隊形成強烈的對比。前者以固定的速度旋轉船隻，並且將旋轉時的自差值逐一記入自差表中；後者則傾向於以艾瑞的機械方法修正羅盤。這兩方彼此對立，逐漸形成戰線；一邊是將磁鐵和鐵鍊敲得鏗鏘作響，另一邊則是高舉標準羅盤與自差表。這兩股敵對勢力要爆發戰爭只是時間的問題，一八五四年的船難慘劇便是觸發衝突的扳機。

17「解不開的糾結之網」

一八五一年一個炎熱的二月天，兩個男人汗流浹背地騎在馬上，馬具咯噔作響，他們小心翼翼地穿過新南威爾斯黃褐色的山丘與乾涸的溪谷。其中一人身材魁梧且留著鬍子，他已經花了兩年在加州淘金，卻一無所獲，如今他深信黃金就埋在澳洲的山丘裡。在一條看起來有可能產金的溪流中，哈葛瑞夫跟他的同伴將馬繫在木樁上，開始從溪中的砂石淘選金子，五個淘金盤有四個淘到了黃金。哈葛瑞夫已經發現了他的黃金國，他對他的同伴喊著：「這是新南威爾斯史上值得紀念的日子。我將成為准男爵，你將被授與爵位，而我的老馬將會被餵得飽飽的，放在玻璃櫥窗裡，送到大英博物館。」

然而，這個快樂的場景從此再也沒出現過，真正發生的反而是伴隨著加州發現黃金所引發的相同集體狂熱：大批男女染上了淘金熱，紛紛湧入追求他們的財富。幾個月、幾年過去了，越來越多金礦被發掘出來，同時也傳出了許多故事：如礦工們用五英鎊紙鈔點雪茄，在馬槽內注滿了香檳，用葡萄酒瓶玩擲圓盤擊倒酒瓶的遊戲，用金子打造馬蹄鐵。載著英國移民的船隻被遺棄在墨爾本港，旅客與船員早已往金礦出發。十年內，超過五十萬人前往澳洲，建造移民船成了有利可圖的生意。

鐵船泰勒號就是這樣的船，人們高聲稱它是「完美的移民船……無疑是澳洲船隊中最快的；當初之所以建造它，正是為了要達成速度最快的目標」。

一八五四年一月十九日星期四，泰勒號開始它的處女航，從利物浦出發，目的地是墨爾本。船的貨艙裝了四百八十八名乘客，另有十六人住在客艙，船員七十五名，還有五名偷渡客。起初，風力還很微弱；不到一天的時間，開始颳起強風，泰勒號收起帆布，很快就進入大浪中。星期六的清晨時分，操舵羅盤與設置在後桅附近的羅盤出現了不同的指向，這兩個羅盤在離開利物浦前都已經用艾瑞的方法修正過了。船長相信操舵羅盤是正確的，下令航向他認為的安全航線。不到幾個小時，陸地就出現在下風處。船不聽控制，於是下錨，然而纜索卻像腐爛的線繩一樣應聲斷裂。幾分鐘後，船被掃向岸邊，舷側撞上了蘭貝島的礁石，約在都柏林北方十二哩處，它的處女航只維持了兩天。

繩索被拋向岸邊，少數幸運兒努力趕在瀕臨毀滅的船隻滑出礁石之前掙扎上岸，最後船隻沈入海中，只剩主桅仍屹立於碎浪之上。三百五十人，其中絕大多數是婦女和兒童，全都在這可怕的一天溺死於愛爾蘭海岸。商務部和利物浦海事局調查之後，認定問題出在羅盤上。

在那個時代，每天都有英國船隻發生船難的消息，然而這場悲劇還是讓那些對於艾瑞的方法（用磁鐵與鐵鍊來修正鐵船上的羅盤自差）存疑的人驚醒了。

斯科思比於一八二三年放棄了他的捕鯨叉，轉而拿起聖經；靈魂，而非鯨魚，才是他現在的獵物。斯科思比船長轉變成受人尊敬的斯科思比博士，他是皇家學會的一員，也是前任布列福教區牧師；泰勒號慘劇發生的時候，他已經退休，住在托基，享受著舒適的南方空氣，唯一不變的是對磁學及航海羅盤的熱情。身為一八三一年英國科學推展協會（如果皇家學會是聖公會高教派，這個協會就是聖公會低教派）的創立會員，他被選為數學與物理學的次委員會會員；數年來，他勤勉地參與會議，並提供磁學與羅盤指針的看法。

斯科思比的磁學研究包括了十九世紀流行的催眠術或動物磁學，他的黑色眼睛、俊俏外形和威儀，讓婦女覺得他是最具吸引力的男性；反過來，斯科思比也坦言自己是個「女性之美的愛慕者」。他用來治療疾病的磁實驗進行的方式相當特別，他在托基的診療所很快就有了聽話的女士。她們躺在沙發上，頭朝著磁北極，左手則握在斯科思比的右手裡（與磁極的吸引不同），斯科思比利用磁鐵讓左撇子忘記她們右半邊的存在。他發現自己擁有驚人的催眠能力，而有位年輕女士發現，被斯科思比催眠是世上最美好的經驗：「我的眼睛無法抗拒地注視著他，要反抗催眠師的力量完全是白費力氣。愉悅的顫抖從我的指尖傳遍身體一直到我的腳，我的心快樂地跳著，而我也嘗到凡人嘗不到的喜悅。環繞在我周邊的臉孔與人物都融解了，一個融入另外一個，直到最後一個景象消逝在斯科思比博士的眼睛為止。對我來說，他不再是斯科思比博士，而是我的全部，我的一部分——他要我做什麼，我就做什麼。」

然而，這麼有用的能力卻對海軍部羅盤委員會起不了作用。詹姆士・羅斯寫信給斯科思比，要他提供依照他的方法製成的羅盤指針：打成薄片的硬鋼指針，斯科思比宣稱這種指針遠比其他指針更能維持磁性。他已經申請了羅盤指針的結構專利，但是他向羅斯保證，「如果海軍部要採行這項計畫，他沒有進一步參與的意願」。斯科思比只要求，如果海軍部決定使用他的羅盤指針，希望海軍部能頒給他公開感謝狀。

不幸的是，委員會負責調查羅盤指針的恰好是克里斯帝教授，這對斯科思比來說是個壞消息——克里斯帝有著學院人士共有的通病，他們討厭涉足到他們專業領域內的人，就算那些人天分再高，他們也不管。斯科思比與克里斯帝已經就羅盤指針的問題在英國科學推展協會的會議上交鋒過了，如今，同一場戲又在海軍部羅盤委員會的會議中上演。

會議結束後，羅斯寫了一封相當無禮的信給斯科思比，告訴他薄片指針並不是什麼新發明，因此海軍部不會公開感謝他。另外，委員會（這應該是克里斯帝的意思）認為他的磁化指針方法跟奈特博士沒有什麼差異。

這也無妨，反正當海軍部羅盤出現的時候，從上面有著複數薄片指針就可以看出斯科思比的影子。

一八五四年的英國科學推展協會會議在利物浦舉行。其中一位主講者就是斯科思比，他的主題引起了《泰晤士報》及《雅典娜神廟》的注意。斯科思比的演講結合了兩種和維多利亞時代息息相關的情愫：對災難的感傷以及對不義之事的憤慨——為泰勒號上罹難的婦女與兒童而感傷，以及為本可避免的災難而憤慨。斯科思比的演講題目為〈論泰勒號船難事件及鐵船羅盤的變遷〉。

超過二十年的時間，斯科思比進行了數千次實驗與測量，他已經摸索出鐵船最重要的特性。他發現，所有離開造船台的鐵船都有著內建的磁性——獨一無二的磁特徵或磁紋——之所以會如此，與造船時鐵板受到敲打、彎曲與釘鉚且船身朝向磁子午線有關。除此之外，海浪的拍擊或引擎、明輪及螺旋槳推進器造成的船身震動，也會讓磁特徵在海上產生變化。

剛下水的新船經過旋轉和以磁鐵修正羅盤之後，船長自然會相信船上已經修正過的羅盤是完全正確無誤的，然而到了海上，船的磁特徵卻會改變。固定式的磁鐵現在反而成了一種積極的危險，巨大而具威脅性的鋼鐵使得羅盤變得更不穩定。斯科思比認為，泰勒號的羅盤就是出了這種問題：離開莫西河之前，羅盤已經修正過了，但是兩天後，經過海浪的拍擊，就出現方位點的差異。

《泰晤士報》記者報導，這樣的消息「使得商人之間對於『改變』一事產生了煩躁不安的情緒」，「如果斯科思比博士所說的危機確實存在，想要繼續做生意的利物浦和其他港口的船東就不能對這個問題視而不見」。

斯科思比的論文引起了三種反應。第一種反應是艾瑞與斯科思比在《雅典娜神廟》上一連串往復辯難的信件，裡面充滿了尖酸刻薄的爭論。艾瑞就曾以溫和的語氣暗示：「當情緒被煽動起來時，說者與聽者的判斷力難免會有誤差。」他也深信泰勒號的磁特徵不會像斯科思比認定的那樣，在短時間內就產生變化；任何人只要願意研究一下曾經使用過艾瑞羅盤修正方法的人留下的證據，就不會被「斯科思比博士大驚小怪的理論誘惑」。第二個反應來自於貨主及保險業者，他們拒絕將貨物交由鐵船運送。第三個反應則是地方船東出資成立了利物浦羅盤委員會。

利物浦羅盤委員會就在這樣一種充滿疑問和鐵船業者處於危險的氣氛下開始運作。在十九世紀，鐵船發生船難的嚴重性就等於今日的巨無霸客機失事：一定要採取措施。

委員會寫了三份報告，最後一份出現在一八六一年。報告的發現讓人毛骨悚然，當中列出了商船船員在航海方式及羅盤使用上的種種魯莽作風。他們很少使用方位羅盤測方位，不測定方位自然就無法測量出羅盤自差或磁偏角。他們將砂磚粉塞到軸帽裡以固定盤面，有個例子：船的螺旋槳震動，造成砂磚粉在軸帽內磨擦，結果將瑪瑙製的軸帽磨出一個洞。有個船長發現他的操舵羅盤出現兩個方位點的大自差，他將磁鐵從甲板抽出，挪到更接近羅盤的位置，結果反而讓自差擴大一倍。有些羅盤校正師認為，羅盤經過他們校正之後，就不會有任何錯誤——然而，即使是在利物浦以永久磁鐵校正，鐵船的羅盤還是會在好望角南方出現差距達四又二分之一個方位點（五十一度）的危險自差。

幸虧有個精力充沛的秘書長蘭道爾，委員會才得以在兩方的衝突意見（機械派與自差表派）之間艱苦遊走。而這兩派意見也正符合海軍部羅盤局局長伊凡斯的說法，他把這場對立稱為羅盤修正上一張「顯然解不開的糾結之網」：兩個頑固的人在思想上爭執不下，這張網因此搖來晃去。

委員會提出了許多建議，其中有一條是主張將還沒修正過的羅盤放在高處，做為操舵羅盤比對的對象，這個觀念斯科思比已經提倡了三十年。蘭道爾也建議將垂直軟鐵棒放在操舵羅盤附近，以調補船隻改變磁緯度時的感應磁性；如此，弗林德斯在模里西斯青蔥景色中想出來的觀念，也就是弗林德斯的鐵棒，又沿著莫西河覆蓋著暗褐色的河岸重生。

史密思運用其數學天分，全力支持海軍部標準羅盤及搭配標準羅盤使用的自差表。他與伊凡斯有著堅定的友誼，多年來一起工作，並且合寫了《針對船舶鐵製品造成的羅盤自差來進行確認與運用的海軍部手冊》，這本手冊被美國海軍採用並翻譯成法文、德文、俄文及西班牙文。

這本手冊之所以能獲得成功，要歸功於史密思傑出的數學能力，他成功分析了船磁造成的羅盤自差。艾瑞與史密思的磁分析之基礎都來自於一名法國人的成果，他是普瓦松，

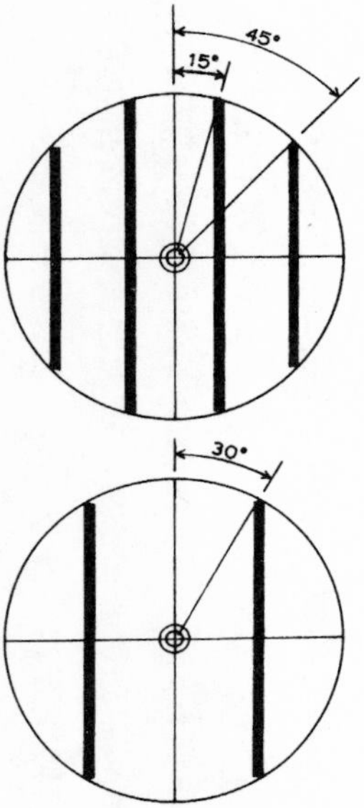

斯科思比與史密思提倡的複數羅盤指針。圖中顯示的是根據史密思公式排列的指針二或四根。

曾於一八一八年隨皇家海軍前往北極探險，因而對羅盤自差的問題產生興趣。然而，普瓦松的分析是以木船上的鐵製品為基礎，並未思及鐵製船身的永久磁性問題。史密思則考慮到這一點，他同時也考慮到艾瑞使用的磁鐵和鐵錬本身就帶有兩種以上的自差：傾斜自差，以及船隻從北磁緯度航行到南磁緯度時，船上的垂直軟鐵棒磁極性會有變化。其實，艾瑞的磁鐵反而會增加自差，史密思的朋友，格拉斯哥大學的湯姆森教授，認為艾瑞的方法「最危險」。史密思與艾瑞之間的戰爭即將爆發，並且在一八五九年達到沸點。

一八五六年，斯科思比和妻子搭乘皇家憲章號前往澳洲，這是一艘新建的三千噸鐵製帆船，輔助的蒸汽引擎可以轉動直徑十四呎的螺旋槳；使用帆布航行時，螺旋槳可以完全抬離水面。它被設計用來運載五百名乘客，客艙分成三個等級。此外，它也有保險庫可存放從澳洲金礦挖來的黃金。斯科思比此行的目的是要證明他的論點，亦即鐵船穿越磁赤道之後，磁特徵會改變。

出航前，這艘船做了旋轉，它的兩個羅盤也用磁鐵和鐵鍊箱校正過了，也將還未校正過的羅盤安放在甲板上方四十二呎的後桅上。海軍部提供海圖和各種設備給斯科思比，其中包括了一個方位羅盤、一座袖珍天文鐘、一根福克斯磁傾針，以及一個海軍部標準羅盤——斯科思比皺著眉頭指出，這種羅盤的指針是依照他的造針和磁學理論仿製的。

出航之後，斯科思比用智巧說服皇家憲章號的船長，將兩個羊欄的鐵欄杆換成木頭柱子，並且將捆乾草的鐵條移走；羊欄很靠近操舵羅盤，乾草則在第二個羅盤旁邊。乾草是用來餵牛羊，而牛羊則成了餐桌上的佳餚。斯科思比也許是想到過去捕鯨時的飲食，因此對於五十呎長餐桌上的食物印象深刻。桌上擺著銀製的碗盤，早餐的選擇有牛排、羊肉片、愛爾蘭燉肉、加上香料的火腿、牛肉或羊肉冷盤、沙丁魚、菜湯、剛烘焙的麵包和小圓麵包、茶或咖啡加上從兩頭乳牛擠來的新鮮牛奶。晚餐的菜色更是豐富：烤牛肉、烤羊肉與煮羊肉、羊肉片、咖哩羊肉、羊肉派、烤雞肉與煮雞肉、火腿、舌頭、烤豬肉、馬鈴薯、胡蘿蔔、米和甘藍菜——菜盤的縫隙中則塞了泡了白蘭地的梅子布丁、米布丁、西米布丁或水果餡餅。午餐跟晚餐差不多，但總是先上湯。如果有人在下午覺得肚子餓，可以喝茶，吃土司、餅乾及果醬。

在前往澳洲途中，斯科思比測量了船身的磁性，並且注意到（對此他感到滿意）船身鐵板的極性在越過磁赤道之後有了變化。在旅程的末尾，他們向東航行穿越從南極北飄的冰山，船身鐵板顯示出更強的北極性；同時間，所有的垂直鐵棒（支柱、豎立起來的錨桿，以及絞盤）「都改變了原來的磁性——頂端的極性從南極性變成了北極性」。

在墨爾本，皇家憲章號做了旋轉，船上四個羅盤也做了比較。在利物浦修正過的櫃羅盤，現在的自差值達到最大值十九又四分之一度；至於其他修正過的羅盤，自差值則是十七度；未修正過的海軍部標準羅盤的自差值，則從最大值的二十五度降到十四度；高掛在桅柱上的羅盤則幾乎沒有變化。對斯科思比來說，結論相當清楚：放在高處的參考羅盤才是鐵船必需的設備。皇家憲章號從墨爾本出發，載著旅客，其中大部分是返回英國的金礦工人，保險庫中還存放著十噸黃金和大量珠寶。斯科思比估計保險庫裡的東西約合英幣一百萬鎊。

回到英國後，斯科思比在老家惠特比發表演說，談的就是他的航海旅程：

> 我曾經主張過的每個原理都已經完全得到印證。在英國，那些依照天文台台長的聰明原理校正的羅盤，是透過對立的磁鐵來調補誤差。正如一八四六年我在英國協會所說的一樣，這些羅盤並不是完全沒有用，但是它們在船上造成的錯誤卻遠大於其他羅盤。將羅盤放置在高處的原理，是安全嚮導的不二法門，這一點已經完全得到證實；如果無法與敵人對抗，聰明的將領就應該離敵人越遠越好。從我們的高羅盤中，我們可以得到完美的指引，並總是能以它為參考的標準。

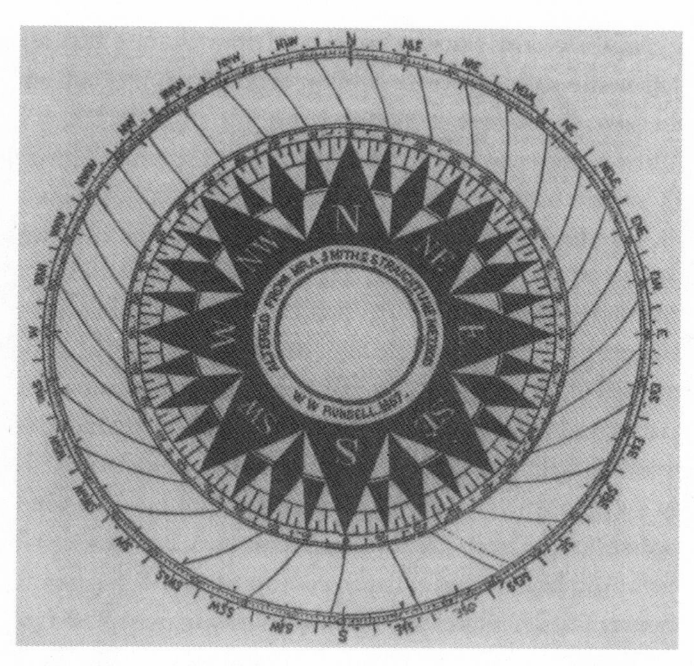

自差盤面。為了要精確地航向磁西南西方，巴爾的摩市號必須以羅盤上的西南方為航向。

斯科思比於次年逝世於托基，時為一八五七年三月二十一日；然而，即便他死了，他還是艾瑞的眼中釘、肉中刺。斯科思比記述自己航海旅程的書《航向澳洲與環繞世界進行磁研究的航海日誌》，在他死後的一八五九年出版；至於艾瑞的另一根肉中刺則是史密思，他負責此書的編輯工作。然而，他不只是編輯，他還寫了四十二頁的羅盤自差導論，此舉讓憤怒的艾瑞提筆投書到《雅典娜神廟》這個著名的公共論壇上進行筆戰。對艾瑞來說，史密思最不該的就是利用斯科思比的書做為改宗的手段，完全改變他原先對修正航海羅盤的見解。

就在斯科思比的著作出版的那一年，皇家憲章號又再度上了新聞。從墨爾本回程的途中，它照例又運載了黃金，卻在北威爾斯海岸遭遇颶風而沈沒，三百八十三人罹難，只有十九人獲救。然而，和泰勒號不同的是，這回出問題的不是羅盤。

18 葛雷的羅盤櫃

一八五一年在倫敦海德公園舉辦的萬國博覽會，主辦官員完全能夠瞭解派克斯頓在高聳玻璃鋼鐵建築上的傑出設計本質，因為他描述平面圖的方式是使用教會的詞彙：長形的中央大廳（長度是聖保羅大教堂的三倍）是教堂的本堂，十字大廳則是教堂的袖廊。水晶宮（《笨拙》為這棟建築取的名字）是一座雄偉的大教堂，五個月內有超過六百萬人來到蒸汽與鐵的祭壇前膜拜；不過，在火爐、蒸汽機、打穀機與乾草機、印刷機、織布機、重型火砲以及錨之間的縫隙裡，卻塞入了一些很不協調的東西：一張警報床，會在預先設定的時間傾斜，將睡覺的人從床上傾倒下來；一只鬧鐘，不只是響鈴而已，為了叫醒重聽的懶人，還會發出槍響；一把有三百片刀刃的小刀，想必有數千個小男孩目不轉睛地帶著欣羨的眼光看著這東西；專為紳士遊艇設計的可摺疊式鋼琴；可攜式澡盆，上面附著小火爐可提供熱水，還能嚴正警告洗澡的人：「達到適當溫度時，火一定會熄滅。」

狄更斯曾兩次來到這片工業富饒之地參觀，他認為裡面所有的東西都跟他格格不入。年輕的莫里斯看到過度考究的維多利亞式裝飾，便感到身體不適。維多利亞女王曾到過會場四十次以上，每次參觀都讓她感到興奮無比，尤其當她想到親愛的艾伯特曾「協助」安排這整首狂想曲：在這棟獨特的建築物中，他擺上了雕像、噴泉，還栽種了巨大的榆樹——艾瑞認為一陣強風就會颳倒這種建築結構，或者溫度太高就會粉碎（「我要針對這個建築結構的瑕疵原理強烈表達我個人的看法」）。

狄更斯、莫里斯、維多利亞女王或艾伯特親王是否曾在十萬件展覽物中注意到海軍部標準羅盤，我們不得而知，但是商務部主任畢奇告訴海軍部羅盤局局長詹森，海軍部標準羅盤被認定是博覽會中最好的方位羅盤。

萬國博覽會是大英帝國工業力量自信展現的極致，它以蒸汽與鐵為基礎，掃除舊時代並宣告新時代的來臨。特納一八三八年的畫作《戰鬥的坦美瑞爾號》，描繪納爾遜時代的木船遺骸被蒸汽拖船拖到了拆解場，拖船高聳的煙囪噴出煙霧與火花，明輪拍打著水面；而他另一幅快速完成的作品——一八四四年的《雨、蒸汽與速度》——則描繪一列在暴雨中急馳的火車，基本上也反應出這種信念。

不過，令人驚訝的是，英國的船隊，無論是戰鬥部隊還是商船隊，都是世上最大的；但是在鐵船的問題上，兩者卻明顯各走各的路，並以不同的節奏前進。

一八二七年，法國軍官佩松生產了一種新砲彈，可以從滑膛砲中發射。這是一種圓筒狀金屬小罐，稱為榴彈，裡面填充火藥，受到撞擊時會爆炸，能有效地將木船變成火船。為了反制這種燃燒榴彈，佩松建議將木製戰船包裹上鐵皮，鐵甲戰船的概念於焉誕生。

一八五三年，佩松的榴彈終於出現在戰場上，俄國艦隊於賽諾普（一座位於黑海的港口）殲滅土耳其艦隊；之後，俄軍將港口及堡壘夷為平地。戰爭的結果震撼了所有擁有海軍的政府——彷彿這道榴彈彈幕是落在他們的皇宮、國會和議會建築——他們驚覺自己的木船正處於極度危險中。

在賽諾普的生動展示之後兩年，大英帝國與法國及土耳其結盟，和俄國在黑海的克里米亞海岸作戰。除了三艘新建的法國砲艦，聯軍船艦只有一小部分運用蒸汽力，並且利用浮動砲台成功打擊了俄國堡壘，但是聯軍並未使用佩松建議的鐵甲船。

是什麼原因使得英國皇家海軍這支世上最強的海上力量不建造鐵甲船？一八四〇年代末，海軍部以銹蝕的港口供應船的薄鐵殼船身來測試，砲火則是用普通硬式圓形砲彈。一八五〇年測試報告的結論其實有很大的錯誤：「在建造戰艦上，鐵並不能算是有益的材料。」海軍部在恐慌之下，下令拆解十八艘正在興建中的鐵殼蒸汽護航艦，或改裝成運兵船，卻無視於復仇女神號（被稱為「彈無虛發」）及其姊妹艦曾在一八四〇到一八四二年的鴉片戰爭中，在廣東及長江等地大肆破壞贏得的戰果。

一九一九年，艦隊司令費雪爵士說：「英國海軍頑固地抗拒變革，這是歷史事實。」在此之前的幾十年就有人提出類似的觀點，這個人是布魯內爾，他是傑出的工程師，並且設計出世上第一艘以螺旋槳推進的鐵殼蒸汽船，即三千五百噸的大不列顛號。布魯內爾寫道，海軍部「日漸式微的影響力」以及「源源不絕的『反對』原則，似乎將所有接近他們的事物都吸收並去除掉了」。

在艾伯特親王的主持下，布魯內爾的大不列顛號於一八四三年隆重地舉行命名與下水儀式——王夫搭乘大西部鐵路公司的專車從倫敦前往布里斯托，這列火車是由設計師古奇和公司的總工程師布魯內爾一起駕駛的。

在造船船塢的大門還沒打開之前，船上六百個人先在大不列顛號的大廳裡用餐。之後，船隻離開造船船塢，前去接受民眾歡呼，槍聲、教堂鐘聲、樂隊的鼓聲與號角聲不絕於耳，洋溢著愛國氣氛❶。

一張一八五七年的照片捕捉到了布魯內爾的神韻，他就站在巨大的鐵鍊絞盤旁，手插在褲袋裡，穿著起皺的西裝背心，頭上斜戴著高禮帽，嘴角叼著雪茄，臉上則裝著一副如

❶一九七〇年七月十九日是大不列顛號下水的一百二十七週年，它在歷經不同的任務（客船、運兵船、移民船、運煤與運穀船，以及福克蘭群島的倉庫船）之後終於返回船塢。在回復往日的光采之後，大不列顛號現已成為布里斯托主要的觀光景點。

河船賭徒般看誰都不順眼的表情。

一八四六年，大不列顛號第五次從利物浦載運旅客到紐約，在某個漆黑的夜裡，船撞上了位於愛爾蘭的鄧德拉姆灣海岸。幸虧布魯內爾在船的結構上妥善使用了鐵這種材料，因此沒有人員死亡，換成是木船早就全毀。船長在這場災難航行中並沒有犯錯，但布魯內爾深信，原因一定是羅盤自差。

正當越來越多鐵殼商船或以風力或蒸汽力在世界各大洋中破浪前進時，英國皇家海軍卻仍然懷舊地堅持納爾遜時代的木製船身。西蒙茲上校，皇家海軍測量員（也是布魯內爾的首要敵人），堅決反對使用蒸汽力、鐵船及螺旋槳；然而，他的教條被來自法國的消息吹熄，這個消息也驚動了英國政府這座官僚鴿舍。

法國似乎受了克里米亞戰爭期間鐵甲船獲得成功的激勵，開始建造六艘鐵甲蒸汽護航艦；法國船只要一擊，就能讓英國的木船報廢掉。對英國人來說，唯一的解決方式就是建造一種外殼裏上厚裝甲的鐵船，這種船的船速及火力都比法國的光榮號及其姊妹艦優異得多。英國給法國的這一記突刺，就是於一八六〇年落成下水的戰士號，海軍部羅盤局局長伊凡斯很快就解決了數千噸重的鐵所造成的嚴重羅盤自差問題❷。

自從引進了海軍部標準羅盤，皇家海軍就完全仰賴規律性的旋轉來建立並追蹤船的磁特徵，他們將磁特徵當成病歷般記錄，並且從這些記錄中整理出聖經，即所謂的自差表。然而，由於戰士號的自差值實在太高，而伊凡斯又發現「這個不幸的羅盤……在運轉時會產生偏轉」，因此他決定採取溫和的背教行為，引進固定式磁鐵和奇怪的雙重羅盤櫃，櫃裡裝了兩個羅盤可以彼此校正。這兩個羅盤櫃的距離可以調整，如此就能調節修正的幅度。不過，即便這個觀念讓海軍部於一八六二年萬國博覽會中贏得一面金牌，終究還是不實用，戰士號改變磁緯度時還是很容易造成危險；然而，人們還是奉自差表為聖經。

鐵殼商船的羅盤在運轉時同樣會產生偏轉，於是商船隊設立了羅盤校正師這種新的航海職業，他們調校的基礎是依據艾瑞的羅盤修正系統。當中有一位是利物浦的葛雷，他平日也製造羅盤。一八五四年，他的新羅盤櫃「改良了船羅盤的校正方式」，因而獲得專利。在葛雷的羅盤櫃出現之前，所有的羅盤都要用固定在甲板上的磁鐵來校正，但是葛雷的羅盤櫃含有修正用的磁鐵，可以「藉由螺旋或齒條及齒輪或其他東西任意移動，因此當羅盤被偵測到有自差，馬上就能進行修正」。羅盤櫃還有一根垂直的磁鐵，船隻傾斜時可以調補傾斜造成的自差。

艾瑞在《雅典娜神廟》與斯科思比打過筆戰後，決定繼續採取攻勢。他在皇家學會宣

❷ 戰士號原本會羞辱地以充當運煤船結束它的一生，但是經過修整之後，現在——磨光擦亮之後顯得神采奕奕——已經成了波茲茅斯港的觀光景點。

讀了另外一篇論文，之後又寫了一封信給海軍部指出其系統的優點；事實上，除了英國，幾乎世界各國的海軍都已經採用他的系統，而此時海軍部所能合作的對象就是葛雷的羅盤櫃。令人驚訝的是，海軍部的長官同意讓羅盤櫃安裝在鐵明輪船上進行試驗，同時由葛雷和伊凡斯進行旋轉檢查與羅盤校正。也許是受到艾瑞的催促，葛雷將兩顆六十八磅的鐵砲彈放在羅盤櫃兩旁的黃銅柱上，取代以往的鐵鍊箱。試驗的結果讓船長對羅盤櫃讚不絕口，但海軍部卻充耳不聞。這也無妨，反正身為英國卓越的羅盤工匠及校正師，葛雷的羅盤櫃在一小群英國船主和造船業者中擁有更大的市場。

十年後，海軍部終於可以為其政策額手稱慶；這段時間，皇家海軍沒有一艘船因羅盤失誤而沈沒，而商船隊則無法交出相同的成績。一八六六年一月，《泰晤士報》的讀者會發現海軍部與皇家學會努力地勸說商務部採取措施，管制商船主和船員在羅盤使用上採行的自由放任政策。海軍部與皇家學會支持每艘船都應該有一個標準羅盤，船員必須通過羅盤檢驗才能拿到證書，羅盤校正師必須在商務部進行登記；而在羅盤事務上，必須建立起指導與執行的中央權威。

所有的干預（好管閒事）都讓商務部部長法勒無情地否決掉。他指出：「海軍部與皇家海軍的關係，和商務部在商船隊中所處的地位，兩者有很大的差異。」海軍部是船隻的擁有者、設計者與建造者，商務部卻從未擁有、設計或建造船隻，因此無法承擔起船主應有的責任。法勒委婉地說：「就算皇家學會的會長或會議沒有全然忽視這項差異，他們似乎也低估了這一點。」除此之外，與羅盤自差相關的各種問題——船的類型、材料的性質與品質、船在建造時擺放的方位、貨物的類型和存放貨物的方式，以及船與磁赤道的相對方位——並不是交給權威之後就能產生一致的看法；皇家學會也許認同海軍部的系統，然而「商船隊遵循的卻是完全不同的原則，他們接受的是天文台台長這個權威的協助」。

「基於這些理由，」法勒的結論將海軍部與皇家學會的提議徹底打了回票：「商務部在調查船難並設法從中獲取最佳科學協助的同時，並不打算負起責任去任命官員監督商船羅盤，以及要求船主和航海者一定要接受官員們認定的最先進科學設備。」

葛雷的羅盤櫃擁有容易校正的磁鐵與鐵球，因此能免於煩人的程序：在甲板上畫粉筆線，將磁鐵旋入甲板中，然後將磁鐵安放在獸脂上，最後用麻絲麻絮填充好的木頭蓋子蓋上，以避免水分滲入。省卻這些程序意謂著羅盤修正向前推進了一大步，葛雷的羅盤櫃要比類似的設備早了約二十年出現。

這個著名羅盤櫃的構思與誕生，是因為史密思的死；而更令人驚訝的是，之所以會有這個想法，其實只是為了幫一本新雜誌增加篇幅之用。

19 湯姆森的羅盤與羅盤櫃

一八七〇年的某個夏日，兩名留著漂亮頰髭、穿著大禮服、戴著高禮帽的紳士，搭乘滿是煤灰的火車，從倫敦前往索倫特，之後便轉搭渡船越過暗褐色的水域抵達考斯，他們要在此地檢查拉拉・魯克號。拉拉・魯克號於一八五四年在普爾建造完成，重一百二十六噸，是一艘優雅的雙桅快速帆船。四十七歲的湯姆森教授的腿由於醫治不當，走起路來一跛一跛；隨行的是老朋友史密思，一位精明的小船水手。湯姆森找史密思前來是為了去除史密思的疑慮，他一直擔心這艘雙桅快速帆船過於龐大，不適合在蘇格蘭西岸航行。

這兩人有許多共通點。他們分別在格拉斯哥大學與劍橋大學獲得數學大獎，而且都是皇家學會的會員，也都曾得過皇家學會的獎章。根據湯姆森的說法，要不是史密思忙於擔任衡平法院的出庭律師，否則「以他的數學長才和物理天分，絕對能成為英國最頂尖的科學家」。此話出自英國最有聲望的科學家之口，可見絕非謬讚之語。史密思在提高航海安全方面做出了偉大貢獻，他針對船隻獨特的磁特性以及磁特性對羅盤產生的效應進行了數值分析，因而得出一套係數，於是解開了船磁的糾結之網❶。

一八四六年，也就是在前往考斯的數年前，當時年輕的湯姆森正尋求推薦以遞補格拉斯哥大學空缺的自然哲學教席（直到一八九九年，他才獲得這個位子）；然而，當他聽說史密思也在注意這個職位時，感到驚慌不安。大學的學期從十一月到四月，之後則是漫長的暑假。史密思在給他妹妹的信中對學校的安排讚不絕口：「既然一年有六個月的假期而不是兩個月左右而已，我就應該擁有一艘遊艇，利用整個夏天來一場哲學巡航，並且過一過隨性、愉快而懶散的生活，而不是像現在這樣沒日沒夜地辛苦工作。」

諷刺的是，湯姆森也打算以拉拉・魯克號來從事這項用途，大型的雙桅快速帆船上有專業的船長和船員指導富有的船主。湯姆森因為埋設大西洋電報纜線而取得爵士身分，他懂得如何利用科學及其實際運用來累積大量金錢。大西洋纜線之所以能成功，大部分要歸功於湯姆森、瓦雷與詹京的專利發明，這三人分享因專利發明而獲得的收入，而湯姆森又與詹京合夥擔任各個纜線公司的顧問工程師。這些來源的收入使得湯姆森成為一個非常富有的人，他擁有拉拉・魯克號、倫敦宅邸，以及一棟位於拉格斯的建築物；這是一棟鄉間別墅，以當時流行的蘇格蘭男爵風格建築形式興建，看起來像是巨大冷酷的堡壘。

---

❶ 史密思曾寫了一封憂喜參半的信給湯姆森，信中提到裝設在維多利亞女王遊艇上的羅盤：「我敢自信滿滿地向女王陛下稟報，如果她的羅盤偏向經線的角度是ι，那麼羅盤自差的角度將會是$\{[\iota/f\sin\theta-\omega/f\cos\theta]\sin\alpha-[\omega'/f\cos\omega]\cos\alpha\}\iota$。」

湯姆森爵士的遊艇，一百二十六噸重的雙桅快速帆船拉拉・魯克號。湯姆森爵士在船上測試他的羅盤和測深器，這艘船也成了他夏日的住所。

考斯的檢查之旅過後兩年，史密思因為幫政府製造航海羅盤，得到了二千英鎊的報酬。幾個月後，他去世了，享年四十九歲，他的死對湯姆森來說是個悲劇性損失。他們從劍橋時期就認識，當時湯姆森還是年輕的大學生，史密思則是三一學院的院士；數年來，他們不斷交換彼此對船磁和羅盤的意見。湯姆森為他的朋友發表告別演說，並且幫皇家學會寫了史密思的訃聞。

湯姆森撰寫訃聞時，也連帶注意到羅盤的問題。一八七一年，《善言》雜誌請他幫忙寫一篇文章，他選擇航海羅盤做為主題。他當時發現（這點與奈特博士頗為類似），航海羅盤的結構有許多值得批評之處，這使得他開始思考改良的方法。他的第一篇文章直到一八七四年才出現，第二篇文章出現於五年後。「當我試著要寫航海羅盤這個主題時，」他坦承：「我發現自己對它的瞭解不夠深刻。所以我必須進行研究，而我已經研究五年了。」

湯姆森對細節的注意是眾所皆知的，在他買了拉拉・魯克號之後，就可以看到這樣的例子。當他要為臥鋪選擇床單時，他在棉布與亞麻布之間相持不下：「焦慮地和海軍專家商量與諮詢之後」，終於決定採用亞麻布，因為「棉布的纖維似乎太容易受潮，不適合航海船隻使用」。他也選了質料最好的斜紋布當桌布，因為「從天窗掉落的物品，以及工作台不穩造成的意外等等，需要以最大的阻力來對抗老舊的材料」。

分析了羅盤之後，湯姆森達成幾點結論：最重要的一點（跟奈特一樣），他認為必須親自設計並製造更優越的羅盤，這種羅盤要能以改良過的艾瑞方法和依據史密思多年來研究船磁的成果來進行修正。

在給伊凡斯的信中，顯示湯姆森的首次嘗試是在一八七四年，地點是在愛丁堡皇家學會。兩天後，有篇文章刊登在《格拉斯哥報》：「湯姆森爵士的羅盤有一對鋼針，鋼針依據的模型是熱力學之父朱爾博士製作的電流表指針。每根鋼針長半吋，以鋁製框架和玻璃棒為支撐，總重一又二分之一喱，並以長約二十分之一吋的未紡絲單根纖維懸吊起來。」他沒有說明這種羅盤要如何在海上使用，因為還少了羅盤盤面：在給伊凡斯的信中，湯姆森反對使用「可移動的羅盤盤面」。伊凡斯的回信已經遺失，但很有可能是一封不講情面的信，因為湯姆森很快就在信上抱怨：「除了建設局，海軍部所有部門的人都反對外人提供的各種意見。」

一八七四年下半年，除了羅盤盤面與磁性之外，湯姆森心裡還想著別的事：拉拉・魯克號為了一件極不尋常的任務快速前往馬得拉群島。湯姆森的首任妻子死於一八七〇年，三年後，在埋設纜線的旅程中，湯姆森很偶然地在封夏爾待了幾個星期，在那裡結識了布蘭迪家族，他們是馬得拉群島傑出的葡萄酒貿易商。纜線船在港灣裡下錨，湯姆森寫道：「在封夏爾，胡伯號與布蘭迪先生的家相距約一又二分之一哩，有好幾個晚上我們都會看到布蘭迪家閃爍著燈光。布蘭迪小姐的『摩斯電碼』學得又快又好，她用燈光傳送訊息的技術令人讚賞。」胡伯號要啟程時，有個人從布蘭迪家揮舞著長長的白色圍巾，揮舞的訊息是「再見，再見，湯姆森爵士」。對湯姆森來說，拉拉・魯克號此行的唯一目的就是要迎娶這個揮舞圍巾的人，並且用這艘雙桅快速帆船帶她回英國。

在如海盜般劫掠了馬得拉群島後又過了兩年，湯姆森和妻子搭乘客輪俄羅斯號橫渡大西洋。這是一趟非常便利的旅程，因為俄羅斯號成了湯姆森剛剛才獲得專利的羅盤與羅盤櫃的理想測試場。湯姆森在給朋友的信上讚揚這趟旅程的種種好處：「我們這趟橫渡大西洋之旅非常不錯，壞天氣夠多，可以徹底測試新羅盤。以後你要是來格拉斯哥，我會拿這種羅盤給你看；即使船隻因螺旋槳的轉動而搖晃不已（我幾乎無法好好寫字），羅盤還是表現得近乎完美。」

這個羅盤和兩年前在愛丁堡展示的羅盤並不相同，湯姆森在盡可能蒐集了海軍部標準羅盤的資訊之後——指針的數量與長度、盤面的重量（羅盤可以安裝不同重量的盤面；普通盤面，以及在惡劣海象中使用的重盤面，人們誤以為重盤面在海上使用時會比較穩定）——才做出新的設計。湯姆森的設計融合了前人的各種特色：大直徑盤面，有利於讀取；輕盤面可以降低軸針的磨擦與磨損；複數指針彼此保持適當而一定的空間，用以修正自差並且讓盤面在航行時能穩定一點；盡量將重量放在盤面周圍的環上。

湯姆森爵士的大直徑羅盤盤面，有八根指針、三十二條絲線和切割的盤面。

在皇家聯合勤務研究所中，湯姆森向一群表情嚴肅、留著大頰髭的觀眾展示他的設計，這個設計是由直徑十吋的羅盤盤面構成，盤面看起來跟其他羅盤盤面完全不同——除了刻度、羅盤方位點和標記著北方的百合花徽。盤面外圍圈上了一圈鋁環，盤面中央則被切割，三十二條絲線就像輪輻一樣，從環延伸到小巧的中央鋁製突起物。總共有八根小指針，約三又四分之一吋到兩吋長，分別安放在中央突起物的兩側。盤面的支撐物是藍寶石製軸帽，軸帽則放在中央突起物中，軸針尖端則插入銥。整個盤面安放在銥的尖端，重量

Fig 9.　　Fig 10.

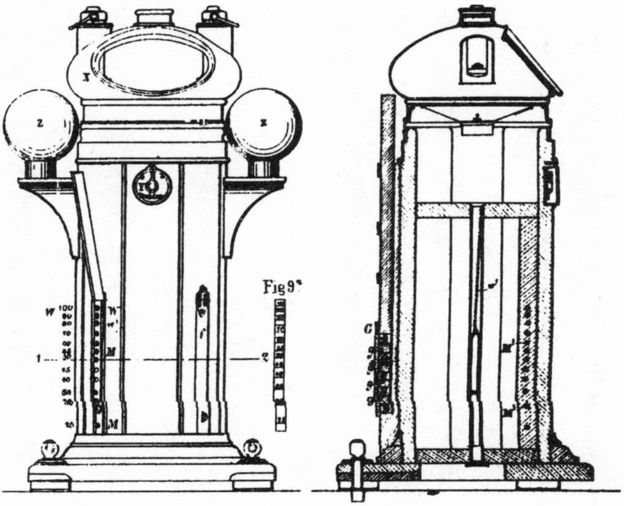

湯姆森爵士的羅盤櫃、托架上的軟鐵球、內部的可調式磁鐵和弗林德斯的鐵棒。

有一百八十喱。相較之下，湯姆森說，海軍部標準羅盤的盤面直徑是七又二分之一吋，重一千五百喱，而一般商船使用的盤面有十吋，重兩千九百喱。至於上了漆看起來閃閃發亮的羅盤櫃，中空的內部隱藏著修正用的磁鐵，磁鐵橫越船身沿著船首尾向安放，能夠輕易地移動與調整。羅盤櫃裡還放了可調整的垂直磁鐵，用來修正傾斜自差；史密思曾經計算過，每傾斜一度，自差就會增加兩度。羅盤櫃外面有兩顆可調整的軟鐵球，藉由托架與羅盤櫃貼附在一起。

兩年後，湯姆森再度到皇家聯合勤務研究所演說，這次他展示了羅盤與羅盤櫃的改良成果。他總是宣稱他的羅盤比其他羅盤穩定得多，然而一旦把他的羅盤放到戰艦上，砲火、引擎和螺旋槳造成的震動會使得事實與他的宣稱不符。他這次的展示是要證明，他已經想出新方法（將羅盤盆懸吊在羅盤櫃中）解決這個問題，其他的改良措施則是將可調式弗林德斯鐵棒放入黃銅管中。

早在湯姆森羅盤櫃之前數年，利物浦羅盤委員會就已經建議要安裝一根軟鐵棒來修正感應磁性，許多船主已經注意到了，而某些羅盤校正師有時也會以極大的熱忱來遵照辦理。在船上，鐵棒會往下穿過甲板，進入二副的鋪位，新的羅盤櫃可解決這種不便。

湯姆森引進新羅盤與新羅盤櫃的時間點可說是恰到好處。早在維多利亞女王統治初期，鐵路工程師史帝芬生就宣布了他的偉大計畫：「用鐵鍊將世界纏在一起，以巨大的鐵道將歐洲與亞洲的極遠處連成一氣。」史帝芬生跟布魯內爾一樣具有宏大的眼光，他們看出鐵與蒸汽可以成就偉大的事業。在史帝芬生發表夢想之後約三十年，隨著蘇伊士運河的開通，以及維多利亞已儼然從女王成了女皇，整個世界已逐漸以鐵路及客輪（客輪跟鐵路一樣，恪守著時刻表與路線不斷航行著）構成的鐵鍊連結在一起，大部分班輪都是英國製造和擁有的。現在前往印度（女王皇冠上的大寶石）的旅程之航行時間是以禮拜計，而不是以月計；原本穿越蘇伊士地峽的陸路旅程蚊蟲橫行，令人恐懼，現在卻只成了邊喝波特酒或白蘭地邊談的軼事。在不列顛和平達到顛峰的時期，一個殷實的士紳可以搭乘講究派頭又昂貴的半島與東方輪船航海公司的船隻，從英國直達印度❷。一上了船，隨著班輪沿著海峽航行，他開始飲用冷藏的香檳，在早餐的培根或火腿上淋上法國釀的紅酒（半島與東方公司的法製紅酒非常有名，而且大部分英國人都把紅酒當成必備的藥品）；接下來的日子裡，他繼續快樂地沈醉於德國白酒、琴酒、威士忌、白蘭地和波特酒中（所有的酒精飲料與礦泉水都包含在船費裡）。三個禮拜後，指揮官沈悶的星期日服務報告，與想釣金龜婿的漂亮年輕女性調情❸，穿起戲服演出業餘的戲劇，玩甲板遊戲，在音樂會中唱歌，與曬得滿臉通紅的中尉、頭髮花白的將軍及都市的官員嚴肅地討論正事，這些活動已經讓他有些厭煩了，但此時他也已經抵達孟買。如果他願意，他可以從孟買繼續沿著鐵鍊搭乘火車到加爾各答，或是直奔喜瑪拉雅山脈的山腳而去。

蘇伊士運河開通後的十年間，半島與東方公司建造了兩打蒸汽船，定期航行於英國與

---

❷ 這條著名的航線——即半島與東方公司——又名「昂貴而緩慢」，因吉普林的《流亡者的航線》而流傳後世，而其詼諧風格乃取材自費茲傑羅的《魯拜集》。半島與東方公司自視甚高，這家負責將皇家郵件從印度送到澳洲的公司居然沒有董事會。董事庭呢？拜託，別鬧了。反正記著一件事，我們所有的船長都是指揮官，我們所有的股東都是老闆。

❸ 前往印度的年輕女性的唯一目的就是找個合適、中意、有錢的丈夫。

印度之間；半島與東方公司的競爭對手英印輪船航海公司（因蟑螂特多而出名），也開始競相造船。在北美航線上，兩家競爭的班輪，冠達與白星，也試圖以更大更快的船隻將對方淘汰出局。南非則是由兩家彼此競爭的公司提供服務——聯合輪船公司與城堡郵船公司——它們也開始建造更大更快的船。

這張由蒸汽和鐵構成的世界網也開始增生出銅網，電報纜線開始連結到各大陸的電報柱，並且深埋於海底深處。現在，透過摩斯電碼發報機的震顫聲，船主可以跟他們的客戶交談，並且協調他們的船隻在市場上取得優勢、裝貨卸貨。為了滿足這種運輸模式，出現了一種新船，即不定期貨輪，它可說是海上的苦力。

英國商船業大量造船的景況只有英國皇家海軍能夠與之比擬。英國建造大小不等的戰艦是為了對抗來自法國、德國或俄國的威脅，而這些戰艦的名字也符合交戰氣氛——熱刺號、赫克力士號、大膽號、破壞號、巨像號、征服者號、怒吼者號、堅毅號、無敵號——他們都有著毫無瑕疵的漆工以及閃亮的銅與黃銅，英國海軍旗在海風中飄揚，蒸汽船從遍布世界各地的海軍基地出發——百慕達、賽門斯敦、哈利法克斯、愛斯基摩、直布羅陀、馬爾他、塞浦路斯、香港、亞丁、亭可馬里——維護著不列顛和平。

所有的英國船艦和其他各國的船艦都需要可靠的羅盤來對抗自差這個惡魔，湯姆森決心以他的羅盤來膺此重任。

20 販售羅盤

拉拉・魯克號是湯姆森用來測試原型羅盤的理想船隻。銅底的雙桅快速帆船，配上閃爍的黃銅、光滑的油漆、刷洗過的甲板、亞麻布床單以及斜紋布桌巾，使得拉拉・魯克號有充分的理由可以進入遊艇世界。除了一些有名的怪胎，乘坐遊艇主要還是屬於有錢人與貴族的娛樂。

有二十年的時間，湯姆森的夏天都是在雙桅快速帆船上度過。冬天，船隻停泊在蓋爾洛奇的船塢裡；冬天過後，航海季來臨，便開到克萊德海灣試航，之後便往南航行到夏日的基地考斯。以考斯為起點，湯姆森有時會在英格蘭南岸巡航，有時則出國航行。最後，湯姆森會在九月時巡航蘇格蘭西岸，做為航海季的尾聲。

湯姆森的賓客中有一些人並不那麼熱中搭乘遊艇。有位對此毫無興趣的客人鬱鬱寡歡地說，如果帆船沒有駛離造船台，他會更高興一點。另一位則說：「搭遊艇出海最棒的莫過於靠岸。」

有一個客人以克己的普魯士堅毅態度忍受了整個航行的過程，這個人就是赫姆霍茲教授。這位世界知名的物理學家接獲邀請到英佛拉里加入拉拉・魯克號，除此之外，當地還有四十艘遊艇，連同東道主坎伯爾家族，一起慶祝阿該爾公爵之子與維多利亞女王之女露易絲公主的婚禮。赫姆霍茲後來寫信給妻子，談到他的蘇格蘭經驗。在還沒加入拉拉・魯克號之前，在聖安德魯斯，他把高爾夫球描述成「一種球類遊戲，球放在地上，不斷地以特殊的球桿揮擊，直到球進洞（可能性微乎其微）並且在洞口插上一根旗桿為止」。他寫道，這種球類遊戲「大家都玩得頗為起勁」。介紹完高爾夫球之後，困惑的赫姆霍茲開始提到他的第一次遊艇經驗：

我的艙房大小剛好能讓我挺直身子站在狹小的床旁邊，其他空間就沒那麼高，不過艙裡還有流理台、鏡台和三個櫥櫃，因此我可以妥善地安置我的物品。要洗東西的話，空間就顯得太小，特別是船隻顛簸的時候，連人都無法站穩。今天早上醒來後，大家就直接從床上跑到甲板上，身上裹了一件蘇格蘭格子花呢，然後就躍入水中。之後再享用一頓豐盛的早餐，感覺特別愉快，然後便參觀各艘遊艇。到目前為止，除了下雨，一切都令人心情愉悅。

這些都還只是停泊時的遊艇經驗，等到帆船出航時，赫姆霍茲在甲板上搖搖晃晃，努力地想要保持平衡；而「從我的雨衣裡……流出的海水就像瀑布一樣」。

遊艇將湯姆森帶進了英國權力掮客的軌道中，而當中就有一個這樣的人，他是達佛林男爵❶。達佛林男爵剛好也是海軍部負責調查皇家海軍船長號沈沒災難的委員會主席，這艘設計特殊的新船在比斯開灣因遭遇狂風而翻覆，將近五百人溺斃。委員會中的成員大部分是有經驗的海軍軍官，只有一小部分是平民，湯姆森便是其中之一。已經有好幾個月的時間，委員會每兩週在倫敦開會。他們也參觀造船廠，在戰艦的護航下和海軍軍官一同飲酒吃飯。這些接觸對湯姆森非常重要，因為他可以藉此機會推銷他的羅盤及羅盤櫃。

如果說湯姆森的夏天是待在南方與海軍軍官培養關係，那麼到了冬天他就是待在北方，每天早上到大學授課，下午則是到懷特的工作坊檢視他的專利設備製造，包括羅盤與羅盤櫃。

在世界各大城中，格拉斯哥是販售航海器具給造船者與船主最理想的市場。一八七六年，湯姆森獲得了羅盤與羅盤櫃的專利，此時克萊德造船廠建造的船隻總數也超越了其他地方的總和；從這時起，直到一九一四年為止，從克萊德下水的船舶總噸數占了英國所有新船的三分之一。跨過大西洋到了美國，木材仍是造船的主要材料。美國的鐵皮製造商或

❶ 達佛林曾在一八五二年駕駛他的雙桅快速帆船海洋號前往冰島、央麥昂島、司匹茲卑爾根和挪威，他後來擔任加拿大與印度的總督。一八七二年，在杜西伯爵的支持下，他提議讓湯普森成為皇家遊艇隊的會員。

蒸汽引擎製造商製造的都是鐵製品，但他們傾向於將生產出的鐵製品拿來建造鐵軌及橋樑，沒有人願意將碾捲出來的鐵板拿來製造船隻，甚至連螺旋槳軸都必須從國外訂購。

一八七六年，湯姆森爵士及其夫人搭乘俄羅斯號橫渡大西洋，在此同時，湯姆森的羅盤與羅盤櫃也安裝在往來於格拉斯哥與貝爾法斯特的鐵殼蒸汽船上，藉此打了第一支宣傳廣告。幾個月後，羅盤與羅盤櫃便被安裝在白星班輪的不列顛號與日耳曼號上，這兩艘船各重五千噸，速度十五又二分之一節，是大西洋航線上最快的船。半島與東方公司很快就跟進，而英印公司則是個難以對付的關卡。香達號的船長在首航到加爾各答時，抱怨羅盤和可調式磁鐵太過複雜，一般船員不知如何使用，而儀器也太過於精巧，很容易在惡劣的海象中損壞。但是，在湯姆森及其代理商的強力推銷下，以及英印公司向半島與東方公司跟進下，這位船長的保留意見很快就無疾而終。其他班輪的船長也懷有疑慮，他們發現這種羅盤在海上並不穩定，有家公司甚至要求湯姆森移走羅盤並且退款。

有位堅定支持湯姆森的同鄉，他有個不大像真名的名字，叫做雷基。他是商船船長，也是《航海實務建言》的作者，這本頗具影響力的書籍首次出版是在一八八一年，四十年間共出了二十版。雷基之於湯姆森，就好比羅伯森的《航海要素》之於奈特博士。「當船主的口袋付得起時，」雷基寫道：「沒有任何標準羅盤能比得上格拉斯哥的湯姆森所發明並獲得專利的羅盤。它的機械結構近乎完美，不論是從理論還是實際運作來看，它擁有目前所知的羅盤所沒有的優點。」

對於重要的委託，例如沙皇亞歷山大的遊艇利瓦迪亞號，湯姆森會親自造訪並且調校修正羅盤用的磁鐵。今日，看著陳列在海事博物館中的湯姆森羅盤櫃，腦子裡不禁會顯現出一個留著鬍鬚的人影，蹲伏在他的作品之上，如早期好萊塢史詩片中的瘋狂科學家，探究著羅盤櫃的內部。羅盤櫃的羅盤盆上蓋著玻璃圓頂（頭部）、油燈（耳朵）、托架上的鐵球（退化的手臂）、上漆的八角羅盤櫃（身體），以及用來固定在甲板上的底部隆起物（腳），這是個準備要接管世界的人形機器人。

一八七六年，格拉斯哥儀器製造商懷特的工廠只製造出一打羅盤。十年後，湯姆森成了主要合夥人，公司搬到更大的廠房，僱用了兩百名工人，一年可以製造超過三百個羅盤。到了一八九二年，湯姆森現在在信上署名凱爾文（他已經晉升為貴族之列，成為拉格斯的凱爾文男爵），公司一年製造的羅盤也超過五百個。一九〇〇年，他們把企業改組成有限公司，定名為凱爾文與詹姆士懷特有限公司❷。一九〇七年凱爾文過世時，格拉斯哥的工廠已經生產了超過一萬件以上的羅盤與羅盤櫃。

湯姆森的羅盤與羅盤櫃就像奈特的羅盤，是個昂貴的物品；而湯姆森也跟奈特一樣，利用各種機會推銷他的設計，包括了演講、寫文章以及寫信給具影響力的人物。其中有封

❷之後公司名稱更動了好幾次，到了一九四七年，與倫敦的儀器製造商亨利休斯父子公司合併，成為現在的凱爾文休斯公司。

信是給海軍大臣史密司的❸，信中要求皇家海軍能使用他的羅盤。他隨信附上一張表，上面列有六十艘使用他的羅盤的大型蒸汽船及帆船，再加上許多報告：「十八個月以來，從各個海域各種天氣得到的各種經驗來看」，他的設計確實比其他「現今使用的羅盤」優越得多。為了暗示皇家海軍已經遠遠落後於其他各國的海軍，湯姆森繼續指出，德國已經在鐵甲船德國號上測試了六個月，並已訂購了第二個羅盤。俄國、義大利和巴西的海軍也都訂購了羅盤。

然後，湯姆森沈著地繼續說道：「最近，從戰艦發射重砲的試驗中，我又對羅盤做了一些改良。」湯姆森用了非正統的方法，將他的羅盤提供給皇家海軍中願意聽他命令的船長；在皇家海軍艦艇上進行的試驗不具官方色彩，船長們並不是向海軍部報告，而是向湯姆森報告。其中有位船長被問到為何在沒有獲得授權的狀況下就裝設羅盤，他語帶輕鬆地回答：「這是基於朋友之間的私人目的而做的……不需要授權，也不需要請示。」湯姆森在船長號調查期間與海軍軍官培養關係，夏天在拉拉．魯克號上招待軍官，並且到皇家海軍艦艇上當艦長的座上賓，這些努力已經開始產生效果。

海軍部當然也嚴格規定他們的船要怎麼航行，最重要的是，軍官絕對不能假定他們的

---

❸ 這是個政治任命。史密司（一八二五—一八九一）是個報紙經銷商、書店老闆，同時也是個政客。一八四九年，他取得在火車站販賣書報的特權。今日，他的公司已是英國最大的報社與書店。

羅盤是正確的。不斷地測量自差是必要的做法，只要採行別的方式就等於是輕視海軍部及其發布的指令。

然而，湯姆森的羅盤（根據發明者自己的說法）具有的「品質，使它在各種天氣、各種水域及各型船隻上都能圓滿運作」。除此之外，羅盤櫃還裝有磁鐵與軟鐵，「使用這些修正器可以讓羅盤正確地指向任何方位，而這些修正器也能在海上（有時候）依據船隻位置的變化，輕易而正確地進行調校」。

對於一些對羅盤偏角與羅盤自差感到頭痛且困惑的船員來說（不管是商船還是海軍），這樣的陳述無疑是一首甜美動聽的樂曲。根據湯姆森的說法，他的羅盤就是聖杯，可以驅走羅盤自差以及反覆搖晃造成的種種疑惑。

如果說湯姆森在商船隊裡有雷基這樣的人擔任他的使徒，那麼他在皇家海軍裡也有個使徒：費雪。

費雪——後來成為基爾維史東的費雪男爵及艦隊司令——的個性剛烈，因大力改革皇家海軍和引進第一艘巨砲主力艦無畏號而為後人稱道。他於一八五四年加入皇家海軍，當時才十三歲：他的錄取考試是寫出主禱文，背誦三乘法表，以及在醫生面前跳過一張椅子。戴著金色肩章、穿著藍色外套、留著頰鬚的考官遞給他一杯雪利酒，做為他成為海軍軍官以及進入凱旋號航海日誌的明證：「費雪先生加入了。」

費雪將熱情投入國家、海軍、跳舞和聆聽講道中，每次想到費雪，就會先想到「速度」兩個字。所有的船隻，從遊艇到戰艦，都必須以全速前進；即使是在船尾甲板吃完露天晚餐，清理桌布、餐具和碗盤的時間也必須在三分半鐘之內完成，如有破損要受處罰。費雪的信充滿了驚嘆號、大寫字母和強有力的底線，讓我們感受到一股癲狂的精力。

維多利亞時代末期的海軍，是一支把擦亮船身的工作看得比砲擊練習還要重要的軍隊——它的粉刷工作實在多得嚇人——費雪就在這樣的軍隊中實習，練習與實作中斷了軍官多采多姿的社會生活。加煤是如此骯髒的工作，因此甲板上的軍官對蒸汽引擎抱以嫌惡的眼光。

一八七九年，費雪被任命為新建的旗艦諾桑普頓號艦長，他指揮的是一個奇怪的混合：在古老的納爾遜海軍中攪和著最新的維多利亞時代科技。這艘船是三桅橫帆帆船，可以運用風力或蒸汽行駛，有兩根螺旋槳、探照燈、魚雷管、電話、諾登費爾特砲，服役之後在英吉利海峽試航了一個禮拜：在運用風力下試航（發現到，它在迎風時會有十五度的壓舵，而在有利於航行的微風下卻只能顛簸地以三節的速度行駛）；在運用蒸汽下試航；在同時運用風力與蒸汽下試航；風帆的操縱；大砲的測試；全船戰備部署；夜間戰備部署，探照燈測試；為船加煤。

在那個時代，每個英國人——不論知識高低——都對海軍事務存有一套自己的看法。

要不是英國海軍的勤務延伸到全球各地，英國的木船早已全部被鐵船和鋼船取代。海軍通訊記者報導的東西在每天的新聞中占有獨一無二的地位，當諾桑普頓號這艘新穎巨大的船隻要加入艦隊時，《泰晤士報》刊登了一篇報導試航的完整文章——並且提到湯姆森爵士也在船上。雖然諾桑普頓號上配備了一般船隻都有的海軍部標準羅盤，但是在費雪的要求下，還是將湯姆森的羅盤帶上船。

《泰晤士報》在報導中讚美羅盤：「湯姆森爵士的發明已經通過了實際測試，能夠完美地指出方位。進行砲擊練習時，羅盤幾乎沒有震動，即便是舷側砲火齊射時也一樣……另一方面，從二十磅砲發射的空包彈卻使得海軍部羅盤劇烈地擺盪不已；在射靶練習時，射擊多少會持續一段時間，因此不可能靠海軍部羅盤來操舵，除非是使用『難以信賴的液體羅盤』。」❹湯姆森馬上就將這篇文章複印五百份，分送給商船的船主。

費雪現在已成了湯姆森在海軍部和公共論壇中的忠誠使徒。湯姆森為了保護他的專利，在法院提起了一連串訴訟，控告其他羅盤製造商。費雪和其他海軍軍官在法庭上證明湯姆森的羅盤較海軍部羅盤和其他羅盤優越得多，不過其中有一名軍官也承認，一八八二年砲轟亞歷山卓時，他的船操舵時使用的不是湯姆森羅盤，而是液體羅盤。

不管是在海軍部內部還是在外頭的公共領域，費雪使用的方法就是不斷嘲弄海軍部羅

❹括號內為作者所加。

盤；而在一連串給湯姆森的信中，熱切的費雪向湯姆森報告，他正努力讓湯姆森的羅盤能取代海軍部羅盤。每次湯姆森到了倫敦，都會住在費雪的家中。到了一八八九年，他們終於打贏了這場仗，這對湯姆森來說是財務上的重大勝利。如費雪寫給他的信所言，海軍部將不再製造舊式羅盤：「所有的船都要裝兩個羅盤，一個用來操舵，一個用來測定方位。但你的羅盤存貨只剩下二十個，這一點請不要向他人提起。」湯姆森現在已經成為凱爾文男爵，但是他並不滿足於此。他拜訪了狄普福的羅盤店，檢視存貨，然後寄了一份訂單給海軍部，讓他們將這份訂單送到格拉斯哥。

湯姆森販售羅盤的方法完全抄襲奈特：培養出一個強有力的人；展示並且公開演說；在有影響力的刊物上發表文章；在報紙上和書上吹噓自己。諷刺的是，正如有批評者指出奈特羅盤在海面上不穩定，同樣也有批評者針對湯姆森羅盤提出相同的論調：在海面上砲擊時，以及船隻快速行駛時產生的震動，都會讓羅盤不穩定。

費雪的傳記作者海軍上將裴根爵士（「魚池」❺裡的死忠會員）認為：「就海軍本身來說，費雪從未犯過什麼錯。」但是在努力推動湯姆森羅盤這件事上，費雪的確犯了錯。並

❺ 一個忠誠的軍官團，他們全力支持費雪及其進行的海軍改革。沒有參加這個團體的人，很少有機會能取得重要的指揮地位。裴根是費雪的助手，他得到了一份好差事，那就是指揮世界最強大的主力艦無畏號。

不是所有的海軍軍官都樂於使用這種羅盤，尤其是克里克上校，海軍部羅盤局局長。克里克於一九〇一年退休後曾寫信給海軍部的水道測量員：「當湯姆森羅盤首次引進成為船上的標準羅盤時，我覺得我的責任就是要測試這種羅盤，並使它能成功運轉；然而，從許多方面來看，這種羅盤都讓我十分厭惡。」

克里克討厭的東西在海軍部只待到一九〇六年，取而代之的是一種新型液體羅盤，這是由克里克和另一位海軍軍官——指揮官切特溫德——花了幾十年的時間改進的羅盤。幾年後，海軍上將費爾德爵士寫道：「在成功地讓羅盤裝設之前，克里克必須耐心地面對巨大而無知的阻撓——官方的以及其他的。」事實上，皇家海軍採用湯姆森的羅盤，使得皇家海軍遠遠落後於已經換裝液體羅盤的其他各國海軍。

對湯姆森來說，液體羅盤霸占其乾盤面羅盤的地位，對他的自尊、口袋和自我都是一大打擊（他一直深信其他羅盤都比不上他的羅盤）。聽到液體羅盤已經加冕的壞消息後，湯姆森寫了一封信給他的代理商，信中透露出他的憂慮：「海軍部的生意非常嚴峻。看來他們已經決定要讓海軍全面換裝切特溫德的液體羅盤，取代我的羅盤。過去兩三年來，我們都沒有接到海軍部的羅盤訂單。我有三千個羅盤櫃原封不動地存放在造船廠裡，其中有一些從我們這邊出貨之後就沒有拆箱過。」❻

一八七六年，湯姆森第一個羅盤與羅盤櫃獲得專利，但是這一年對他的新羅盤來說，也是復仇女神出現的時刻。他在費城百年博覽會中曾對設備發表過報告，即第兩百三十號報告：里奇的浮羅盤，美國海軍已經挑選它做為標準羅盤。有位權威明白表示，美國海軍將因此在羅盤上領先皇家海軍四十年。

對於那些聰明到足以預見此事的人來說，另一個預示航海乾盤面羅盤將死的惡兆，就是一八七七年一艘小船的落成下水，這艘船看起來就像是泰晤士河上的蒸汽小艇，而非戰艦。皇家海軍閃電號，長八十五呎，寬十一呎，速度有十八節，它將讓世界各國海軍驚覺到一個陰沈的事實：他們珍視的戰艦將陷入極大的危險中。看起來單純無害的閃電號是世上第一艘魚雷艇，它攜帶了新發明的、具有極大摧毀力的懷海德自動推進魚雷，魚雷外層還包裹著高爆炸藥。這艘新型快船的海上測試顯示了，與液體羅盤相較，乾盤面羅盤全然無用。

❻一個羅盤櫃約五十英鎊，這代表一大筆錢。

21 液體性質的問題

從泰晤士河畔梭尼克羅夫特船廠下水的閃電號，很快就繁衍出更大更快的魚雷艇。到了一八九〇年，每個有自尊心的海軍國家都必須擁有一支由這種快速又危險的船隻組成的小艦隊。法國領先世界，擁有兩百一十艘魚雷艇；英國緊跟在後，有兩百零六艘。至於德國、義大利、俄國、奧國、希臘、荷蘭、丹麥、中國、挪威、瑞典、土耳其、日本、巴西、阿根廷以及美國的海軍，則總共合計有八百二十五艘。

然而，不管旗桿上飄揚的是哪一國的旗幟，這些魚雷艇都有著共同的特點。它們都讓人感到極為不適且非常快速：它們是世界上最快的船。魚雷艇沿著海路怒吼，煙囪冒出的煙也在高速下轉眼消失在海平面上，旗幟與短索在風中拍打，船首撞出巨大的波浪，切穿浪頭，在巨響下落入浪凹處。這是屬於年輕人的戰艦，而年輕人也喜歡它們。因為他們是大衛，將他們的魚雷從裝在甲板的管子裡丟出去，可以殺害龐大而緩慢的主力艦歌利亞❶。

❶ 第一枚從水面上發射的魚雷，是於一八七五年在皇家海軍阿克提安號上發射的。它發射的方式完全是

英國皇家海軍將他們的海盜船塗黑，此舉只是為了增加威脅性以及純粹的實用感。魚雷艇上的生活並不包括擦亮磨光的工作。不論是船員還是軍官，都要穿上厚重的羊毛衣和橡膠長靴；天氣冷時，他們穿上以厚布織成的有帽外套。由於水是珍貴物品，因此洗澡並不擺在優先位置。除了這些，再加上額外的薪水以及每人發給一瓶烈甜酒，使得這些航海的大衛產生一種好勇鬥狠的同袍情誼。

從瓶子裡放出能威脅強大主力艦的惡魔之後，英國便以戒慎恐懼的眼神注意著法國人；法國的魚雷艇就像黃蜂窩一樣布滿了整個英吉利海峽，現在海軍部必須要面對這個極為困窘的問題。為了殺掉這個惡魔，就要建造更大的魚雷艇捕捉船，來擊沈這些煩人的魚雷艇；然而，這些捕捉船的速度不及他們的獵物，因而成了昂貴的錯誤。有個人為這種進退兩難的局面帶來一線曙光，他是雅若，是泰晤士河波普勒的魚雷艇建造商，他與海軍上將費雪（他現在是海軍部軍需處處長，負責設計與建造海軍艦艇）見面討論此事。雅若說他手上握有法國最新型魚雷艇的細節，他保證能造出更快更好的魚雷艇。費雪迫不及待地抓住這個機會。兩艘船下水了，長一百八十呎，寬十八呎，四千匹馬力的引擎。皇家海軍破壞號與大黃蜂號被稱為魚雷艇驅逐艦，速度可達二十八節，成為世上最快的船。費雪對

業餘手法，而且具有英國風格：傾斜的餐桌上放著魚雷，旁邊則是開啟的舷窗；當一切準備就緒，螺旋槳開始旋轉，在眾人鼓譟的歡呼聲中，魚雷被推入水中。

此感到著迷，遂下令專門建造魚雷艇的造船廠另外再建造三十六艘這類船艦❷。幾年之間，英國就擁有為數九十艘的小型驅逐艦隊。以帶有偏見的眼光來看，海軍部有時也許會說錯話或講話結巴，但幾個世紀以來，它在船隻命名上的手法卻總是不變：勇敢號、搜索者號、山貓號、妖精號、天龍號、火箭號、鯊魚號、熱情號、拳手號、拳擊手號、噴火號、劍魚號、衝鋒者號、猛衝者號、熱切號、衝突號、迅速號、拚命號、鞭打者號、獵人號、兀鷹號、鶚鷹號、悍婦號。

魚雷艇與驅逐艦有著相同的特點：它們很不舒適，非常濕，而且在以全速沈重地向前行進時，突發的能量造成的震動會讓鉚釘從鐵板中蹦出來，以乾盤面羅盤（如湯姆森羅盤或舊式的海軍部標準羅盤）來操舵是不可能的。一八八一年一場相當生動的航海測試證實了這一點，一艘魚雷艇裝設了液體羅盤，而湯姆森爵士則拿出他的乾盤面羅盤。液體羅盤明顯獲勝，湯姆森的羅盤被宣告為「不堪使用」。三年後，湯姆森再度要求測試他宣稱的改良羅盤，結果還是一樣，報告提到液體羅盤在「船處於顛簸狀態時仍然運作良好，但湯姆森爵士的羅盤在同樣的狀況下就完全失靈」。

幾年後，一八九〇年，海軍部要求四個羅盤製造商提出液體羅盤的設計圖，打算安裝

❷費雪曾問雅若該如何為他的設計命名，雅若回答：「那是你的工作。」「好，」費雪說：「那我們稱這種船叫驅逐艦，正如建造它們的目的是驅逐法國的魚雷艇。」名字就這樣定案。

在小型的蒸汽艇及帆船或槳船上。海軍部最後決定採用丹特的羅盤，丹特其實已經為海軍製造液體羅盤超過四十年。這個決定隨即引來海軍部軍需處處長的疑問：湯姆森爵士有沒有受到邀請提出他的羅盤呢？回答是，沒有。原因很簡單，從一八五〇年代已來，人們都已經認定乾盤面羅盤不適合使用在小船上。不要緊，馬上寄一封信給湯姆森，要他提出羅盤並且加入這張清單中，以對抗丹特的羅盤。海軍部也在波茲茅斯提供所有設施給湯姆森，讓他能進行測試與實驗：其他羅盤製造商可就沾不到這個好處。一年後，湯姆森的乾盤面羅盤接受測試，與液體羅盤一較高下。結果發現，在震動之下，湯姆森的羅盤偏離了八個方位點，而液體羅盤幾乎仍維持穩定。

這場鬧劇使得原本要引進丹特羅盤的計畫又延宕了一年，但是也顯示出湯姆森深遠的影響力。有位軍官說：「一個經常笑口常開、辯才無礙、堅定且對一切事物都觀察透澈的人，卻有可能在發明上出差錯。」幾年後，一八九六年，隨著皇家海軍手冊《魚雷與魚雷艇》的出版，也宣告了乾盤面羅盤的死亡：「船隻幾乎全是以指揮塔外面與前面的舵輪來操舵。人們普遍使用液體羅盤，至於湯姆森發明的精巧儀器，則承受不起震動與搖晃。」

液體羅盤（羅盤指針以軸針支撐，放在一個裝滿液體的盆裡）並非什麼新奇的事物。一五八八年，西班牙無敵艦隊戰敗後的幾個禮拜，沙福克郡人卡文迪士跟隨著德瑞克爵士，從環遊世界的劫掠探險中返回國內。渴望號裝滿了從馬尼拉大帆船掠奪而來的戰利品，在格林威治下錨，伊麗莎白女王和宮廷大臣給了他們最親切的款待。一個鬱鬱寡歡的西班牙間諜提到女王說出的一些刻薄訕笑的評論：「西班牙國王只會吠叫，不會咬人，我們一點也不在乎西班牙人。他們的船裝滿了從東印度群島運來的金銀，總有一天，這些財寶都會落在我們手裡。」

渴望號上有兩名來自東印度群島的水手，他們感受著十一月空氣的寒冷。巴洛當時還不是副主教，但已經開始他改善航海的副業，他熱切地詢問這兩名水手在海上使用羅盤的狀況。他們告訴他，他們使用一支長針，長約六吋，以軸針支撐於水盆中。這種羅盤沒有盤面，只在盆底畫了兩條呈直角相交的直線。很可惜，像巴洛這樣的聰明人曾經製造出許多儀器來解決航海的問題，卻只是把這個事實記錄下來，並沒有進一步發展它。

又過了約兩百年，有個身材高大又令人愉快的荷蘭人英根豪斯博士，他曾經在英國定居，為的是研究天花預防接種（他也曾做過嚇人的可燃性氣體實驗；以電的火花點燃蠟燭；從甘藍菜的葉子收集氣體，並且存放在瓶子裡，然後將瓶子塞入他的大口袋）。他曾在皇家學會發表演說，當中提到讓羅盤指針穩定的方法：使用玻璃蓋子，盆子裝滿液體，指針以垂直的軸針支撐。為了降低與軸針的磨擦，指針要不是有個軟木製成的浮體，就是被裝到玻璃管子內。

幾年後，萊特製造了一個與巴洛描述的相當類似的液體羅盤，它的指針上了漆以避免

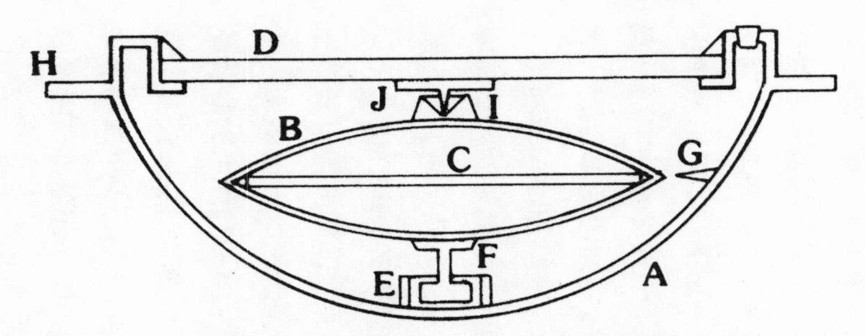

克羅於一八一三年獲得專利的液體羅盤，這個羅盤專利比美國里奇的液體羅盤早了五十年。里奇的羅盤也在浮體的頂端使用軸尖，但是另外用了一根軸針取代克羅的砝碼。以下的描述引用自克羅的專利：

A 裝滿酒精的銅盆。
B 銅製的浮體或透鏡，頂部畫了羅盤的方位點。
C 磁針。
D 厚玻璃蓋。
E 銅圈，用來防止浮體被甩離作用點或作用中心點。
F 砝碼，讓浮體保持水平位置並且調整作用點上的壓力，使其保持在二十四喱左右。
G 船首基線。
H 羅盤盆的把手或懸吊點，一般是以平衡環支撐。
I 顛倒的中空圓錐。
J 作用點，被鉚在銅板上並黏在玻璃蓋的內面。

生鏽，並以軸針支撐於裝滿水的盆子裡。它沒有羅盤盤面，但是羅盤的方位點繪於盆底，指針轉動時就如同有盤面的指針。皇家海軍測試之後，發現它比乾盤面羅盤更穩定，特別是在海面上快速航行的小艇上，但是海軍方面卻沒有繼續發展這個觀念。

一八一三年，液體羅盤的設計出現重大進展，克羅（肯特郡費佛斯罕的鐘錶匠及銀匠）獲得了第三六四四號專利，「航海羅盤或船羅盤的某種改良」。這是個傑出的設計，當中有許多與現代液體羅盤共通的特徵。

為了除去結凍的問題，玻璃蓋與黑漆盆內裝的是烈酒而非水；考慮到液體膨脹收縮的問題，所以將盆室加大。但最重要的特徵是中空的圓形浮體（克羅稱之為透鏡），在它的頂部畫了羅盤方位點並以銅製成，形成了羅盤盤面，羅盤指針封閉在這個浮體中。在浮體的頂部表面黏著一個倒過來的圓錐，紡錘砝碼則黏在底面，軸尖黏在盆玻璃蓋的底面，對準了圓錐。浮體有充足的浮力可以升上來頂住軸針，它的總重量大約是「二十四喱金衡，而一般航海羅盤能懸吊的重量很少小於一點五盎斯或七百二十喱」。液體減少了一般乾盤面羅盤會有的劇烈搖晃，因而也減少了軸尖磨損的機會。克羅認定，他的羅盤「即使暴露在最狂暴的海面上，也始終能指向磁子午線，就算是在最小的船上也一樣」。

海軍部羅盤委員會忽視了克羅液體羅盤顯示的種種優點——或者就這件事來說，委員會忽視的其實是所有的液體羅盤。但是到了一八四五年，海軍部發現有必要配發液體羅盤以供惡劣天候中使用，因為液體羅盤在海上表現得明顯較乾盤面羅盤穩定多了。

蒲福在擔任水道測量員時，就已經清楚瞭解精確羅盤對於測量工作的重要性，因此他極力鼓吹希望能對這兩種類型的羅盤進行比較測試。一八四七年，在榮冠號上對六種羅盤進行測試：三個乾盤面羅盤，三個液體羅盤。測試在北海的多佛至歐斯坦德之間的航路上進行。開往歐斯坦德的國外航路很平靜，所有的羅盤都表現得令人讚賞，但回程時卻迥然不同。在強勁的風力、強大的海流和北海的淺水海域這三者的推波助瀾之下，構成了某位觀察者所稱的「爭吵之海」，全新的海軍部標準羅盤在一次特別險惡的海象中偏移了十二個方位點，另一個乾盤面羅盤則偏移了十六個方位點，三個液體羅盤則穩定多了。進一步測試是測量砲火的效應，同樣也是液體羅盤表現較為傑出。

然而，海軍部已經投注太多時間與金錢在標準羅盤上，無法就這樣換掉標準羅盤。所以，每當皇家海軍的船遇上壞天氣時，要不是將普通盤面換下來改用較重的盤面（這只會讓偏轉的狀況更糟），就是乾脆換上液體羅盤。

其他國家的海軍對於乾盤面羅盤就沒有這麼執著了。一八六二年，里奇——一位住在美國麻州布魯克萊恩的發明家——為美國鐵甲船監視者號設計了一種最不尋常的羅盤，這種羅盤與潛望鏡相當類似❸。這種羅盤的設計目的就是要避免監視者號裝甲的影響，使其不產生羅盤自差；雖然羅盤是安裝在鋼鐵操舵塔外高而薄的羅盤櫃上，但是塔裡的操舵位置上仍可讀到羅盤的指數。之後，就在同年，里奇獲得了羅盤專利，他的羅盤跟克羅的很類似，也使用浮體來收納羅盤指針。美國第三六四二二號專利「航海羅盤的改良」是里奇取得的第一個專利，之後他又陸陸續續取得許多專利❹。他後來的專利之一，是一種使用

---

❸ 監視者號已經走入了海軍史，這艘危險的低乾舷船配備有一座雙砲管旋轉砲塔，它曾與邦聯海軍維吉尼亞號在一八六二年三月九日於乞沙比克灣打得難分難解。

❹「里奇航海」仍繼續在製造羅盤，不只是在布魯克萊恩而已，另外也在距離布魯克萊恩約二十五哩的麻州潘布羅克設有營業處。

在羅盤盤面上的塗料。液體羅盤一直存在著塗料的問題，因為羅盤使用的液體要不是酒精，就是酒精與水的混合。里奇的專利塗料是用乾的碳酸鉛配上蛋白製成的，可以塗在盤面上，之後藉由石灰溶液或加熱予以硬化。到了一八七〇年代初期，美國海軍已經採用里奇羅盤並且可以慶賀地說：「相較於其他國家使用的羅盤，不管是海軍還是商船，美國海軍擁有的羅盤的核心品質是無法超越的。」

義大利海軍到了一八八〇年代也有了自己的液體羅盤，這是義大利軍官馬格納吉設計的，簡潔而美麗的設計中含有完整的修正系統。湯姆森羅盤櫃上的兩顆鐵球不見了，這兩顆球經常阻礙方位的測定：在擺放鐵球的地方換上兩個平放的捲線器，看起來就像捕魚用的捲線器；它以黃銅製成，上面纏繞著鐵線。奧匈帝國的海軍也擁有自己的液體羅盤，上面裝上精巧的修正系統，由派樹爾上尉設計。

克羅解決了液體羅盤固有的兩個棘手問題，然而克羅自己知不知道這一點，我們不得而知。其中一個問題稱為「液體漩渦」，發生在船隻急速轉向時。羅盤盆當然也會有快轉的時候，一旦發生這種情形，盆與液體之間的磨擦便會拉動液體旋轉，進而形成干擾的漩渦。船隻搖晃時也會產生同樣的效果，液體從羅盤盤面下方跑到上方，或是倒過來。只要縮減羅盤盤面的直徑，使其較盆內面的直徑略小，就可以去除這兩種干擾效應。克羅的一八一三年羅盤就有這個特點，卻沒有羅盤製造商採用他的做法。一直要到二十世紀的頭十年，人們才認識到小羅盤的好處，小羅盤因此成為設計良好的液體羅盤之標準元件。

有個故事是說，小羅盤的運用就跟弗萊明發現盤尼西林一樣，完全是個意外。指揮官切特溫德於一九〇四年被任命為海軍部羅盤局局長，他下令對羅盤盆與羅盤盤面進行一些實驗。讓他頗為懊惱的是，羅盤盤面的尺寸不對，比一般拿來裝設的盤面小了點；在極端苦惱之下，他轉動羅盤盆並且注意到盤面出奇地穩定。與弗萊明不同的是，切特溫德瞭解其發明的重要性。一年後，裝有縮小直徑盤面的液體羅盤接受海上測試與砲擊測試，報告中一致讚許切特溫德的液體羅盤。

這種擁有小直徑盤面的羅盤，與克里克規定的讓液體羅盤能恰當運作的各式設計規則相符：複數指針；懸吊點與盤面及平衡環的軸針處於同一個水平面；浮體的重心要低於懸吊點；盤面和指針的重心要低於浮體的重心。

在擁擠的現代海濱度假聖地，帆船遊艇的桅杆如樹苗般成群地萌芽挺立，如同液體羅盤後來的發展。坐落在羅盤櫃上並且嵌入甲板與艙壁中的是圓頂羅盤，圓頂羅盤的優點在於能減少漩渦誤差，其羅盤盤面也透過頂部的圓曲形狀而放大。它的另一個優點是除去了外部的平衡環，當船隻與羅盤櫃傾斜時，羅盤盤面仍能維持水平，並且順利地旋轉進入圓頂中，這對無平衡環的平頂羅盤來說是不可能達成的技藝。

今日的航海磁羅盤終於達到一種完美的狀態，這是過去內克漢時代的水手無法想見的。諷刺的是，航海磁羅盤以一種奇怪的方式整整繞了一圈：從漂浮在水盆裡的磁針，到一群磁針以軸針支撐著，放置到酒精盆裡。不過，在長期的演化中，它也改變了西方的貿易模式，讓航向與海圖更加精確——從個人的角度來說，這是不可遺忘的小小象徵——讓世代以來處於黑暗與永不終止的夜班（從半夜到黎明）中的水手能夠舒適與放心。

這種儀器指引了西班牙八十五噸重的維多利亞號進行了第一次環航世界之旅：這段航行是用三個簡單的儀器達成的——測星盤、象限儀和羅盤。

一五二二年，飽受風吹雨打的維多利亞號返回塞維爾碼頭停泊，這是它歷史性環航的出發點。從那時起，整個世界就像魔術一樣變成了一枚貿易商、商人、船主、水道測量員、探險家與航海家的牡蠣：一枚準備好被開啟的牡蠣，不是用劍，而是用羅盤指針。

尾聲：從指針到旋轉陀螺

近千年來，磁化的羅盤指針（不論它是如何懸吊在盆裡，尋找著磁北極）指引著水手穿越了構成三分之二個地球的大海與大洋，雖然有時因為奇怪而神秘的影響，使得它反覆無常，使得它的指引不夠完美，但它仍是水手們願意交付信任與生命的唯一工具。然而，一旦它受到輕視或被視為理所當然，就會像遠古時代受到侮辱的神祇一樣，帶來可怕的報復，招來船難與死亡。

但是，到了二十世紀初，已經被神化成莊嚴的航海工具的磁羅盤，卻被一個年輕人從羅盤櫃的王位上趕了下來，這個篡奪者就是陀螺羅盤。

陀螺羅盤是以電力驅動的陀螺儀，它的軸心對準子午線，因此能指向真實北極。這個兒童旋轉陀螺的遠親恰好也不受地磁和個別船隻的磁特徵影響，而這種航海羅盤能指向真實北極，「並且」又不受陰險的鋼鐵影響，等於一劍殺死了偏角與自差造成的羅盤誤差與航海錯誤。這樣的羅盤註定要成為水手們熱烈擁抱的儀器。

陀螺羅盤開始於一九〇一年德國工程師安舒茲—坎普弗的一項提案，他認為可以讓前往北極冰層下方的潛艇攜帶這種定向陀螺儀。磁羅盤在這種新型且詭詐的戰艦中會造成嚴重的航海問題，因為在潛艇雪茄狀的船身中，磁羅盤根本起不了作用。早期的潛艇將磁羅盤放置在壓力艙外的防水羅盤櫃中，船首基線與羅盤盤面的圖象可以藉由容易讓眼睛疲勞的望遠鏡系統投射到操舵位置上。

一九〇八年，安舒茲—坎普弗已經將定向陀螺儀的觀念發展成首具陀螺羅盤，並且隨即在德國主力艦德國號上進行測試。到了一九一一年，史貝瑞博士（最具有發明才能的美國人，在他名下有超過四百件發明物）製造出屬於他的版本的陀螺羅盤。一九二〇年代，世界各國的海軍全都安裝了陀螺羅盤（皇家海軍選擇了史貝瑞模式在英國量產），因為陀螺羅盤不只具有神奇的能力能指向真實北極，而且還能從隱藏在船身內部的主羅盤來操作羅盤複示器、保留航線記錄，以及最重要的，開啟自動操舵機。

一九四七年，皇家海軍先鋒號在從英國駛往開普敦的途中完全喪失了動力，三個陀螺羅盤的旋轉飛輪因為失去了給予它們生命的電力，全都像小孩的旋轉陀螺一樣倒了下來。由於海軍部在一九四六年的決定，使得先鋒號沒有備用的磁羅盤。因此，英國最後一艘主力艦，同時也是英國海軍的驕傲，不得不改以星辰來駕駛——更令人困窘的是，英王喬治四世剛好也在船上。今日，世界各國的船船，不管是軍艦還是商船，都會攜帶磁羅盤，做為類似事件發生時的保險措施。

陀螺羅盤是笨重、複雜又昂貴的機械物品，對於喜歡在週末假日出航享受科技樂趣的人來說，還有更輕更便宜的羅盤：磁通門羅盤或磁感應羅盤。這種精巧的儀器是從航空飛行器中發展出來的，可以搜尋地球磁場的強度。它的方式有點像貓鬍鬚上的感應器，可以引導它找到食物；但它指示的不是真實北極（這是陀螺羅盤指向的位置），而是磁北極。然而，就像陀螺羅盤一樣，磁通門羅盤也需要電力——這把我們拉回到本書開頭描述的高科技遊艇上的磁通門羅盤。

一八八九年春，海軍部羅盤局局長克里克上校對一群海軍軍官發表關於航海磁羅盤的演說，他在演說結束時給了聽眾一些明智的忠告：

> 總結以上，我們可以知道，真正的科學教我們一個不可遺忘的教訓。只要有機會，就觀察自差，將它記錄下來，瞭解它在每個狀況中的變化……那麼，在某個漆黑的夜裡，你便能合理地相信自己有能力在不延宕與不損害船隻勤務的狀況下，航向原本計畫的航線，而這就是你努力的回報。

這個忠告在今日仍然有用，一如它在一八八九年——即便是在陀螺羅盤和磁通門羅盤的世界裡。當其他儀器全都失靈時，航海磁羅盤仍舊是指引水手的必要工具。

附錄：自差

航海羅盤的磁針受到許多看不見的力量影響，而自差（deviation）也許是當中最奇怪也最難駕馭的。「自差」這個詞是在一八二〇年由約翰·羅斯爵士所創，意思是指因船上鐵製品的吸引而造成的誤差。從那時起，人們就開始分析羅盤指針為何會偏離磁北極，並且將原因分成幾類。

半圓自差

鐵船或鋼船的內建磁性可分成三個分力：船首尾向、船橫向與垂直向。船隻航向北方或南方時，船首尾向的磁性就與羅盤指針成一直線，指針不會有自差。船隻航向東方或西方時，指針會偏離，此時的自差是最大的。這種自差可以利用羅盤櫃中的船首尾向磁鐵來修正。

船隻航向東方或西方時，船的橫向磁性與羅盤指針成一直線，指針不會有自差。船隻航向北方或南方時，指針會偏離，此時的自差是最大的。這種自差可以利用羅盤櫃中的船橫向磁鐵來修正。

傾斜自差

船隻傾斜時，羅盤盤面會維持水平，船殼的鋼鐵與上層建築物會繞著羅盤盤面移動，因此船隻的磁場與羅盤指針之間的關係會發生變化；特別是船隻在海上劇烈搖晃時，羅盤盤面也會因此劇烈地擺動，鐵騎兵號的操舵羅盤（見第十六章）很可能是因為傾斜自差而在惡劣的天候中迴轉。將可調式磁鐵懸掛於羅盤下方，可調補傾斜自差。

軟鐵與硬鐵

為了修正羅盤，我們可以依據磁性將船上的鐵或鋼區分成軟鐵與硬鐵。軟鐵容易磁化，但不會保留磁性。將鐵棒順著地球磁場擺放，使其成南北向，鐵棒的北端將會被磁化並且指北。將鐵棒轉為東西向，鐵棒將失去磁性。再將鐵棒轉為南北向，但這一次將鐵棒兩端倒過來，則鐵棒仍會被磁化，新的端點會指北。硬鐵的特性是很難被磁化，但一旦被磁化就會保留磁性。在商店裡買塊磁鐵，買的就是硬鐵。

象限自差

地球磁場的水平分力使得船上的水平「軟」鐵感應到磁性，因而造成自差。船隻改變航向時，感應磁性也隨之改變，因而造成自差的增加或減少。調補這種誤差的方法，是在羅盤櫃兩旁與羅盤盤面同水平高度的位置放置托架，並且將兩個軟鐵球放在托架上。這兩個鐵球可以調整，並且成為羅盤櫃最醒目的特徵。

六分儀自差與八分儀自差

這些自差是由史密思與伊凡斯確認，當單根長指針接近調補用磁鐵或軟鐵修正器時，就會產生這些自差。船隻旋轉達三百六十度時，調補用磁鐵將會產生達六個方位點的最大自差（六分儀自差），軟鐵修正器的感應磁性將會產生達八個方位點的最大自差（八分儀自差）。值得慶幸的是，只要使用史密思與斯科思比建議的複數指針來取代單根指針，就能去除這些自差。

弗林德斯鐵棒

這是弗林德斯在羅盤修正上的偉大貢獻。用一根垂直的軟鐵棒，上端與羅盤指針高度齊平，可以修正船上垂直軟鐵的感應磁性。

謝辭

本書的起源來自於兩個地方：一方面，我之前曾撰寫《競逐白色大陸》，裡面談到在南極航行的經驗，並且探討了十九世紀對地磁的關注，而這些主題進一步引起我的興趣；另一方面，對於本書緣起所提到的高科技遊艇的故事，我一直抱著某種程度的懷疑。

我在海上及岸邊航行時，花了好幾個小時用羅盤找出方向，這才發覺自己對於羅盤的發展完全缺乏欣賞與瞭解。人類可是花了好幾個世紀的時間，才將磁羅盤發展到目前的完善境界。漢彌爾頓在一五五二年所說的話相當傳神：「沒有羅盤的指引，船長無法將他的船開往安全的港口。」

任何寫作者只要是談到磁羅盤和早期航海的故事，莫不深刻受惠於兩個人：一位是皇家海軍中校梅依，他是皇家航海研究所的創始會員，並且有好幾年的時間擔任國家海事博物館副館長；另一位則是皇家海軍少校沃特斯，他曾擔任國家海事博物館航海部的管理人與主任。

在蒐集本書所需的資料上，我要感謝公共檔案局的工作人員 Kew；水道測量局的

Taunton；皇家地理學會、皇家學會、國家海事博物館、大英圖書館、特別是倫敦圖書館這個完善機構裡所有圖書館員的大力協助。我還要感謝 Dr. Toby Clark、Lady Joan Heath、皇家遊艇隊的檔案人員 Diana Harding，以及羅盤製造商美國的里奇航海及英國的里吉公司。最後也最重要的是我的妻子卡蘿，感謝她閱讀我的初稿、她提出的有用意見，以及她長久以來耐心聽我絮叨地講著書中一長串雜亂無章的人物。

參考書目

Abbreviations in the Bibliography:

BAASR *British Association for the Advancement of Science Report*

JIN Journal of the Institute of Navigation

JRUSI *Journal of the Royal United Services Institute*

NMM *National Maritime Museum, Greenwich*

MM *Mariner's Mirror*

RSPT *Royal Society Philosophical Transactions*

Aczel, Amir D. *The Riddle of the Compass*. New York, 2001.

Airy, G. B. "On the Correction of the Compass in Iron-built Ships." *United Services Journal* (1840).

———. *Autobiography of Sir George Biddell Airy*. Edited by Wilfrid Airy. Cambridge, England, 1896.

Allibone,T. E. *The Royal Society and Its Dining Clubs*. Oxford, 1976.

Anson, George. *A Voyage Round the World*. London, 1911.

Armstrong, G. E. *Torpedoes and Torpedo Vessels*. London, 1896.

Ashburner, W. *The Rhodian Sea-Law*. Oxford, 1909.

Bacon, R. H. *The Life of Lord Fisher of Kilverstone*. 2 vols. London, 1929.

Bain, William. *An Essay on the Variation of the Compass*. Edinburgh, 1817.

Baker, S. J. *My Own Destroyer: A Biography of Capt. Matthew Flinders RN*. Sydney, 1962.

Barlow, William. *The Navigators Supply*. London, 1597.

______. *Magneticall Advertisements*. London, 1616.

______. *A Briefe Discovery*. London, 1618.

Barnaby, K. C. *Some Ship Disasters and Their Causes*. London, 1968.

Bauer, K. J. *A Maritime History of the United States*. Columbia, South Carolina, 1988.

Bayne-Powell, R. *Eighteenth-Century London Life*. London, 1937.

Beaglehole, J. C. *The Life of Captain James Cook*. London, 1974.

______ (editor). *The Journals of Captain James Cook*, volume 3, part 1. Cambridge, England, 1967 (Hakluyt Society Extra Series 34a).

Beazley, C. R. *The Dawn of Modern Geography*. 3 vols. London, 1897.

Benjamin, P. *The Intellectual Rise in Electricity*. London, 1895.

Bernard, W. D. *Narrative of the Voyages and Services of the Nemesis from 1840 to 1843*. London, 1844.

Bevan, Bryan. *Charles the Second's French Mistress*. London, 1972.

Blackbarrow, Peter. *The Longitude Not Found*. London, 1678.

Bond, Henry. *The Longitude Found*. London, 1676.

Borough, William. *A Discourse of the Variation*. London, 1581.

Bourne, William. *A Regiment for the Sea and Other Writings on Navigation*. Edited by E. G. R. Taylor. London, 1963 (Hakluyt Society Series 2/121).

Bowle, John. *John Evelyn and His World*. London, 1981.

Brown, A. J. *Ill-Starred Captains: Flinders and Baudin*. London, 2001.

Burchett, J. A. *A Complete History of the Most Remarkable Transactions at Sea*. London, 1720.

Burford, E. J. *Royal St James's*. London, 2001.

Burton, Robert. *The Anatomy of Melancholy*. London, 1932.

Canton, J. "A Method of making Artificial Magnets without the use of Natural Ones." *RSPT*, vol. 47 (1751).

Casson, Lionel. *The Ancient Mariners*. London, 1959.

______. *Ships and Seafaring*. London, 1994.

Chaucer, Geoffrey. *The Complete Works of Geoffrey Chaucer*. Edited by Walter W. Skeat. London, 1946. Contains "Treatise on the Astrolabe."

Cook, Alan. *Edmond Halley: Charting the Heavens and the Seas*. Oxford, 1998.

Cooke, C. W. *William Gilbert of Colchester*. London, 1890.

Cotter, C. H. "George Biddell Airy and his Mechanical Correction of the Magnetic Compass." *Annals of*

Science, vol. 33 (1976).

______. "The Early History of Ship Magnetism: The Airy-Scoresby Controversy" *Annals of Science*, vol. 34 (1977).

Cowan, Edward. *Oil and Water: The Torrey Canyon Disaster*. London, 1969.

Creak, E. W. "On the Mariner's Compass in Modern Vessels of War." *JRUSI*, vol. 33 (1889-90), pp. 949-75.

Creuze, A. F. B. "On the *Nemesis* Private Armed Steamer, and on the Comparative Efficiency of Iron-Built and Timber-Built Ships." *United Services Journal* (1840), pp. 90-100.

Crone, G. R. *Maps and Their Makers*. London, 1962.

Deacon, Richard. *John Dee*. London, 1968.

De Beer, Gavin. *The Sciences Were Never at War*. London, 1960.

Dee, John. *The Diaries of John Dee*. Edited by Edward Fenton. Charlebury, England, 1998.

Edwards, E. *Lives of the Founders of the British Museum*. 2 vols. London, 1870.

Evans, F. J. "Notes on the Magnetism of Ships." *JRUS1*, vol. 3 (1859-60), pp. 91-110.

______. "On the Magnetism of Iron and Iron-Clad Ships." *JRUSI*, vol. 9 (1865-66), pp. 277-98.

Evelyn, John. *Diary of John Evelyn*. 2 vols. London, 1966.

Fairbairn, W., and W. Pole. *The Life of Sir William Fairbairn*. London, 1877.

Falconer, William. *An Universal Dictionary of the Marine*. London, 1769.

Falkus, Christopher. *The Life and Times of Charles II*. London, 1992.

Fanning, A. E. *Steady As She Goes*. London, 1986.

Fara, Patricia. *Sympathetic Attractions*. Princeton, 1996.

Fisher, J. A. *Records*. London, 1919.

Flinders, Matthew. "Concerning the Difference in the Magnetic Needle on board the Investigator, arising from an Alteration in the Direction of the Ship's Head." *RSPT*, vol. 95 (1805).

______. "Magnetism of Ships." *Naval Chronicle*, vol. 28 (1812), pp. 318-24.

______. *A Voyage to Terra Australis*. 2 vols. London, 1814.

Forbes, E. G. "The Birth of Navigational Science." *NMM*, Monograph no. 10, 1974.

Fothergill, J. "An Account of the Magnetical Machine contrived by the late Dr. Gowin Knight." *RSPT*, vol. 66 (1776).

Fox, R. Hingston. *Dr. John Fothergill and His Friends*. London, 1919.

French, P. *John Dee: The World of an Elizabethan Magus*. London, 1972.

Friendly, Alfred. *Beaufort of the Admiralty: The Life of Sir Francis Beaufort 1774-1857*. New York, 1977.

George, W. D. *London Life in the Eighteenth Century*. London, 1930.

Gibbon, Edward. *Autobiography of Edward Gibbon*. London, 1972.

Gilbert, W. *The Loadstone*. Translated from the Latin by P. F. Mottelay. London, 1893.

Gillmer, Thomas. *A History of Working Watercraft of the Western World*. Camden, Maine, 1994.

Gilly, William. *Shipwrecks of the Royal Navy, 1793-1849*. London, 1850.

Gouk, Penelope. *The Ivory Sundials of Nuremberg*. Cambridge, England, 1988.

Gunther, A. E. *The Founders of Science at the British Museum 1753-1900*. Halesworth, 1980.

Halley, Edmond. *The Three Voyages of Edmond Halley in the Paramore 1698-1701*. Edited by N. J. W. Thrower. London, 1981 (Hakluyt Society Series 2/156).

______. "A Theory of the Variation of the Magnetical Compass." *RSPT*, vol. 13 (1683).

______. "An Account of the Cause of the Change of the Variation of the Magnetick Needle." *RSPT*, vol. 17 (1692).

______. "An Advertisement Necessary for all Navigators bound up the Channel of England." *RSPT*, vol. 22 (1700).

______. "Observations of Latitude and Variation, taken on board the Hartford." *RSPT*, vol. 37 (1732).

Hargraves, E. H. *Australia and Its Gold Fields: A Historical Sketch of the Progress of the Australian Colonies, from the Earliest Times, to the Present Day*. London, 1855.

Harris, W. Snow. *Rudimentary Magnetism*. 3 Parts. London, 1850-52.

Harrison, Edward. *Idea Longitudinis, being a Brief Definition of the best known Axioms for finding the Longitude*. London, 1696.

Hewson, J. B. *A History of the Practice of Navigation*. Glasgow, 1951.

Hibbert, Christopher. *The English: A Social History 1066-1945*. London, 1994.

Hill, H. O., and E. W. Paget-Tomlinson. *Instruments of Navigation*. London, 1958.

Hitchins, H. L., and W. E. May. *From Lodestone to Gyro-Compass*. London, 1955.

Hornell, James. *Water Transport: Origins and Early Evolution*. Newton Abbot, England, 1970.

Howse, Derek. *Greenwich Time and the Discovery of the Longitude*. Oxford, 1980.

Hutchinson, William. *A Treatise on Practical Seamanship*. London, 1777.

Ingleton, Geoffrey. *Matthew Flinders, Navigator and Chartmaker*. Guildford, England, 1986.

Inwood, Stephen. *A History of London*. London, 2000.

Johnson, E. J. *Practical Illustrations of the Necessity for Ascertaining the Deviations of the Compass*. London, 1852.

Judd, Denis. *Empire*. London, 1996.

Kippis, A. *A Narrative of the Voyages Round the World Performed by Captain James Cook*. London, 1893.

Knight, Gowin. "Description of a Mariner's Compass contrived by Gowin Knight, M. B., F. R. S." *RSPT*, vol. 46 (1749-50).

______. "Of the Mariner's Compass that was struck with Lightning, as related in the foregoing Paper; with some further Particulars relating to that Accident." *RSPT*, vol. 46 (1749-50).

Laird, Macgregor, and R. A. K. Oldfield. *Narrative of an Expedition into the Interior of Africa*. 2 vols. London, 1837.

Lamb, H. H. *Historic Storms of the North Sea, British Isles and North-West Europe*. Cambridge, 1991.

Lane, F. L. "The Economic Meaning of the Invention of the Compass." *American Historical Review*, vol. 68, no.

3 (1963).

Larm, Richard. *Cornish Shipwrecks: The Isles of Scilly*. Newton Abbot, 1969.

Lecky, S. T. S. *"Wrinkles" in Practical Navigation*. London, 1881.

Lever, Darcy. *The Young Sea Officer's Sheet Anchor*. London, 1808.

Liverpool Compass Committee. *Third Report of the Liverpool Compass Committee to the Board of Trade*. London, 1857-1860.

Mack, J. D. *Matthew Flinders 1774-1814*. Melbourne, 1966.

Magnus, Olaus. *A Description of the Northern Peoples 1555*. 3 vols. London, 1996 (Hakluyt Society Series 2/182).

Marcus, G. J. *The Navigation of the Norsemen. MM*, vol. 39 (1953).

______. "The Mariner's Compass: Its Influence upon Navigation in the Later Middle Ages." *History*, vol. 41 (1956).

______. "Dead Reckoning and the Ocean Voyages of the Past." *MM*, vol. 44 (1958).

______. *The Conquest of the North Atlantic*. Woodbridge, England, 1998.

Massie, Robert K. *Peter the Great*. London, 1995.

May, W. E. "The Birth of the Compass." *JIN*, vol. 2 (1949).

______. "The History of the Magnetic Compass." *MM*, vol. 38 (1952).

______. "Naval Compasses in 1707." *JIN*, vol. 6 (1953).

______. "The Binnacle." *MM*, vol. 40 (1954).

______. Longitude by Variation." *MM*, vol. 45 (1959).

______. "The Last Voyage of Sir Clowdisley Shovell." *JIN*, vol. 13 (1960).

______. *A History of Marine Navtigation*. London, 1971.

______. "Garlic and the Magnetic Compass." *MM*, vol. 65 (1979).

Mitchell, A. C. "Chapters on the History of Terrestrial Magnetism." *Terrestrial Magnetism and Atmospheric Electricity*. I. "On the directive property of a magnet in the earth's field and the origin of the nautical compass" vol. 37 (1932). II. "The discovery of the magnetic declination" vol. 42 (1937). III. "The discovery of the magnetic inclination" vol. 44 (1939).

Moorehead, Alan. *The Fatal Impact*. NewYork, 1966.

Morris, J. *Fisher's Face*. London, 1996.

Nansen, Fridtjof. *In Northern Mists*. 2 vols. London, 1911.

Needham, Joseph. *Chinese Science*. London, 1946.

______. *Science and Civilisation in China*. 12 vols. London, 1954-84.

Norman, Robert. *The Newe Attractive*. London, 1581.

______. *The Safeguard of Sailors*. London, 1584.

Parry, J. H. *The Age of Reconnaissance*. London, 1963.

Pollard, S., and P. Robertson. *The British Shipbuilding Industry 1870-1914*. London, 1979.

Porter, Roy. *Health for Sale: Quackery in England 1660-1850*. Manchester, 1989.

______. *London: A Social History*. London, 1996.

Praagh, G. Van. "John Dee (1527-1608)." Discovery, vol. 14 (1953).

Quinn, Paul. "The Early Development of Magnetic Compass Correction." *MM*, vol. 87 (2001).

Ritchie, G. S. *The Admiralty Chart*. Durham, 1995.

Robertson, George. *The Discovery of Tahiti: A Journal of the Second Voyage of HMS Dolphin round the World*. Edited by Hugh Carrington, London. 1948 (Haklyut Society Series 2/98).

Robertson, John. *The Elements of Navigation*. 2 vols. Sixth edition. London, 1796.

Rolt, L. T. C. *Isambard Kingdom Brunel*. London, 1961.

Ronan, C. A. *Edmond Halley: Genius in Eclipse*. London, 1970.

Scoresby, W. *An Account of the Arctic Regions with a History and Description of the Northern Whale Fishery*. 2 vols. Edinburgh, 1820.

______. "An Inquiry into the Principles and Measures on which Safety in the Navigation of Iron Ships may be reasonably looked for." *BAASR* for 1854.

______. "On the Loss of the *Tayleur* and the Changes in the Action of Compasses in Iron Ships." *BAASR* for 1854.

______. *Journal of a Voyage to Australia and Round the World for Magnetical Research*. Edited by Archibald Smith. London, 1859.

Scoresby-Jackson, R. E. *The Life of William Scoresby*. London, 1861.

Scott, E. *The Life of Captain Matthew Flinders*. Sydney, 1914.

Sharp, Andrew. *Ancient Voyagers in the Pacific*. London, 1957.

Skelton, R. A. *Explorers' Maps*. London, 1958.

Skempton, A. W. *John Smeaton, FRS*. London, 1981.

Smeaton, John. "On some Improvements of the Mariner's Compass." *RSPT*, vol. 46 (1750).

______. "An Account of some Experiments upon a Machine for Measuring the Way of a Ship at Sea." *RSPT*, vol. 48 (1753-54).

Smiles, Samuel. *Lives of the Engineers: Smeaton and Rennie*. London, 1904.

Smith, Archibald. "On the Deviation of the Compass in Wooden and Iron Ships." *BAASR* for 1854.

Smith, Crosbie, and M. N. Wise. *Energy and Empire: A Biographical Study of Lord Kelvin*. Cambridge, 1989.

Spinney, David. *Rodney*. London, 1969.

Stackpole, E. A. *The Sea Hunters*. NewYork, 1953.

Stamp, Tom, and Cordelia Stamp. *William Scoresby: Arctic Scientist*. Whitby, 1975.

Taylor, E. G. W. "Old Henry Bond and the Longitude." *MM*, vol. 25 (1939).

______. "An Elizabethan Compass Maker." *JIN*, vol. 3 (1950).

______. "Early Charts and the Origin of the Compass Rose." *JIN*, vol. 4 (1951).

______. "The Oldest Mediterranean Pilot." *JIN*, vol. 4 (1951).

______. "Jean Rotz and the Variation of the Compass." *JIN*, vol. 7 (1954).

______. *The Haven Finding Art*. London, 1956.

Thompson, S. P. *Gilbert of Colchester: An Elizabethan Magnetizer*. London, 1891.

______. *Notes on the De Magnete of Dr William Gilbert*. London, 1901.

______. *William Gilbert and Terrestrial Magnetism in the Time of Queen Elizabeth: A Discourse*. London, 1903.

______. *Life of Lord Kelvin*. 2 vols. London, 1910.

______. *The Rose of the Winds: The Origin and Development of the Compass Card*. London, 1913.

Thomson, William. "On Compass Adjustment in Iron Ships, and on a New Sounding Apparatus." *JRUSI*, vol. 22 (1878).

______. "Recent Improvements in the Compass, with Correctors for Iron Ships." *JRUSI*, vol. 24 (1880).

Thrower, N. J. *Maps and Civilization*. Chicago, 1996.

______. (editor). *The Three Voyages of Edmond Halley in the Paramore 1698-1701*. London, 1981 (Hakluyt Society Series 2/156).

Towson, J. T. *Practical Information on the Deviation of the Compass; for the use of Masters and Mates of Iron Ships*. London, 1894.

Toynbee, P., and L. Whibley (editors). *Correspondence of Thomas Gray*. 3 vols. Oxford, 1935.

Waddell, John. "On the Effects of Lightning in Destroying the Polarity of a Mariner's Compass." *RSPT*, vol. 46 (1749-50).

Walker, Ralph. *A Treatise on Magnetism with a Description and Explanation of a Meridional and Azimuth Compass*. London, 1794.

Waters, D.W. "The Lubber's Point." *MM*, vol. 38 (1952).

———. "Bittacles and Binnacles." *MM*, vol. 41 (1955).

———. "Early Time and Distance Measurement at Sea." *JIN*, vol. 8 (1955).

———. *The Art of Navigation in England in Elizabethan and Early Stuart Times*. London, 1958.

Watts, A. J. *The Royal Navy: An Illustrated History*. London, 1994.

Williams, Glyndwr. *The Great South Sea: English Voyages and Encounters 1570-1750*. London, 1997.

Wright, Lawrence. *Clean and Decent*. London, 1966.

Young, Thomas. "Computations for Clearing the Compass of the Regular Effect of a Ship's Permanent Attraction." *Miscellaneous Works of the Late Thomas Young M.D., E.R.S., &c*. Edited by George Peacock. 2 vols. London, 1855.

二十劃

二十一劃

十四劃

十二劃

十三劃

十一劃

十劃

八劃

九劃

七劃

六劃

譯名對照表及索引

ReNew 009

羅盤：一段探險與發明的故事

作　　者　艾倫・葛尼
譯　　者　黃煜文
主　　編　郭顯煒
發 行 人　涂玉雲

出　　版　麥田出版
城邦文化事業股份有限公司
台北市信義路二段213號11樓
電話：02-2351-7776　傳真：02-2351-9179
發　　行　英屬蓋曼群島商家庭傳媒股份有限公司城邦分公司
台北市民生東路二段141號2樓
讀者服務專線：0800-020-299
服務時間：週一至週五9:30~12:00；13:30~17:30
24小時傳真服務：02-25170999
讀者服務信箱E-mail: cs@cite.com.tw
郵撥帳號：19833503
戶名：英屬蓋曼群島商家庭傳媒股份有限公司城邦分公司
香港發行所　城邦（香港）出版集團
香港灣仔軒尼詩道235號3F
電話：25086231　傳真：25789337
馬新發行所　城邦（馬新）出版集團
Cite(M) Sdn. Bhd. (458372 U)
11, Jalan 30D/146, Desa Tasik, Sungai Besi,
57000 Kuala Lumpur, Malaysia
電話：603-9056 3833　傳真：603-9056 2833
E-mail: citekl@cite.com.tw.
印　　刷　禾堅有限公司
初版一刷　2005年3月

ISBN : 986-7413-93-8
Printed in Taiwan

售價：320元

國家圖書館出版品預行編目資料

羅盤：一段探險與發明的故事／艾倫・葛尼（Alan Gurney）著；黃煜文譯. -- 初版. -- 臺北市：麥田出版：家庭傳媒城邦分公司發行, 2005 [民94]

面；　公分. --（ReNew : 9）

參考書目：面

含索引

譯自：Compass: A Story of Exploration and Innovation

ISBN 986-7413-93-8（平裝）

1. 羅盤

338.99　　94002028

ReNew

新視野・新觀點・新活力

ReNew

新視野・新觀點・新活力